中华砚文化汇典

中华炎黄文化研究会砚文化工作委员会 主编

砚 谱 卷

阅微草堂砚谱新编

人民美术出版社
北京

《中华砚文化汇典》
编撰说明

一、《中华砚文化汇典》（以下简称《汇典》）是由中华炎黄文化研究会主导、中华炎黄文化研究会砚文化委员会主编的重点文化工程，启动于2012年7月，由时任中华炎黄文化研究会副会长、砚文化联合会会长的刘红军倡议发起并组织实施。指导思想是：贯彻落实党中央关于弘扬中华优秀传统文化一系列指示精神，系统挖掘和整理我国丰富的砚文化资源，对中华砚文化中具有代表性和经典的内容进行梳理归纳，力求全面系统、完整齐备，尽力打造一部有史以来内容最为丰富、涵括最为全面、卷帙最为浩瀚的中华砚文化大百科全书，以填补中华优秀传统文化的空白，为实现中华民族伟大复兴的中国梦做出应有贡献。

二、全书共分八卷，每卷设基本书目若干册，分别为：《砚史卷》，基本内容为历史脉络、时代风格、资源演变、代表著作、代表人物、代表砚台等；《藏砚卷》，基本内容为博物馆藏砚、民间藏砚；《文献卷》，基本内容为文献介绍、文献原文、生僻字注音、校注点评等；《砚谱卷》，基本内容为砚谱介绍、砚谱作者介绍、砚谱文字介绍、砚上文字解释等；《砚种卷》，基本内容为产地历史沿革、材料特性、地质构造、资源分布、资源演变等；《工艺卷》，基本内容为工艺原则、工艺标准、工艺传统、工艺演变、工具及砚盒制作等；《铭文卷》，基本内容为铭文作者介绍、铭文、铭文注释等；《传记卷》，基本内容为人物生平、人物砚事、人物评价等。

三、此书编审委员会成员由著名学者、专家组成。名誉主任许嘉璐是第九、十届全国人民代表大会常务委员会副委员长，中华炎黄文化研究会会长，并为此书作总序。九名编审委员都是在我国政治、历史、文化、专业方面有重要成果的专家或知名学者。

四、此书编撰委员会设主任委员、副主任委员、学术顾问和委员若干人，每卷设编撰负责人和作者。所有作者都是经过严格认真筛选、反复研究论证确定的。他们都是我国砚文化领域的行家，还有的是亚太地区手工艺大师、中国工艺美术大师等，他们长年坚守在弘扬中华砚文化的第一线，有着丰富的实践经验和大量的研究成果。

五、此书编务委员会成员主要由砚文化委员会的常务委员、工作人员等组成。他们在书籍的撰写和出版过程中，做了大量的组织协调和具体落实工作。

六、在《汇典》的编撰过程中，主要坚持三个原则：一是全面系统真实的原则。要求编撰人员站在整个中华砚文化全局的高度思考问题，不为某个地域或某些个人争得失，最大限度搜集整理砚文化历史资料，广泛征求砚界专家学者意见，力求全面、系统、真实。二是既尊重历史，又尊重现实的原则。砚台基本是按砚材产地来命名的，然后再论及坑口、质地、色泽和石品。由于我国行政区域的不断划分，有些砚种究竟属于哪个地方，出现了一些争议，但编撰中我们始终坚持客观反映历史和现实，防止以偏概全。三是求同存异的原则。对已有充分论据、大多人认可的就明确下来；对有不同看法又一时难以搞清的，就把两种观点摆出来，留给读者和后人参考借鉴，修改完善。依据上述三条原则，尽力考察核实，客观反映历史和现实。

参与《汇典》编撰的砚界专家、学者和工作人员近百人，几年来，大家查阅收集了大量资料，进行了深入调查研究，广泛征求了意见建议，尽心尽责编撰成稿。但由于中华砚文化历史跨度大，涉及范围广，可参考资料少，加之编撰人员能力水平有限，书中难免有粗疏错漏等不尽如人意的地方，希望广大读者理解包容并批评指正。

《中华砚文化汇典》
总　序

砚，作为中华民族独创的"文房四宝"之一，源于原始社会的研磨器，在秦汉时期正式与笔墨结合，于唐宋时期产生了四大名砚，又在明清时期逐步由实用品转化为艺术品，达到了发展的巅峰。

砚，集文学、书法、绘画、雕刻于一身，浓缩了中华民族各朝代政治、经济、文化、科技乃至地域风情、民风习俗、审美情趣等信息，蕴含着民族的智慧，具有历史价值、艺术价值、使用价值、欣赏价值、研究价值和收藏价值，是华夏文化艺术殿堂中一朵绚丽夺目的奇葩。

自古以来，用砚、爱砚、藏砚、说砚者多，而综合历史、社会、文化及地质等门类的知识并对其加以研究的人却不多。怀着对中国传统文化传承与发展的责任感和使命感，中华炎黄文化研究会砚文化委员会整合我国砚界人才，深入挖掘，系统整理，认真审核，组织编撰了八卷五十余册洋洋大观的《中华砚文化汇典》。

《中华砚文化汇典》不啻为我国首部砚文化"百科全书"，既对砚文化璀璨的历史进行了梳理和总结，又对当代砚文化的现状和研究成果作了较充分的记录与展示，既具有较高的学术性，又具有向大众普及的功能。希望它能激发和推动今后砚学的研究走向热络和深入，从而激发砚及其文化的创新发展。

砚，作为传统文化的物质载体之一，既雅且俗，可赏可用，散布于南北，通用于东西。《中华砚文化汇典》的出版或可促使砚及其文化成为沟通世界华人和异国爱好者的又一桥梁和渠道。

许嘉璐

2018 年 5 月 29 日

《砚谱卷》
总　序

　　谱，字典的解释是：按照对象的类别或系统，采取表格或其他比较整齐的形式，编辑起来供参考的书，如年谱、食谱。可以用来指导练习的格式或图形，如画谱、棋谱。大致的标准等。依据字典的释义和现在传承的谱书，归纳起来笔者认为：谱书是对某一事物规律的遵循和原貌的写真，是记述一个实物的真实，能够让人窥其原貌，是把一些相对散开的实物写真单页集纳成册，这些集成册便可谓之"谱"，如曲谱、画谱、脸谱、食谱、棋谱、衣谱等。后来随着社会的发展，事物的分类越来越多，更多的谱书也应运而生，内容越来越丰富，成谱的手法也愈发多样。在众多的谱系书中，砚谱是应运而生其中的一种。根据历史记载，砚谱的谱材最初来自于对砚台实物的记述，后来发展为写真素描，再后来就是拓片的集成，文人和匠人们把这些散落在民间的砚台记述、素描、写真和拓片收集成册，然后配上文字便成了砚谱，据能查到的资料显示，最早出现的砚谱是宋代洪景伯的《歙砚谱》，记录了砚样39种。宋代《歙州砚谱》记录砚样40种，宋代《端溪砚史汇参》记载砚样59种，宋代《砚笺》记录砚样24种。明代高濂《遵生八笺》收集冠名了49种砚式，并绘制了天成七星砚、玉兔朝元砚、古瓦鸾砚等21种图样。清代朱二垞《砚小史》描绘了15种图样，并根据藏家收藏的砚台，写真绘出了13方古砚图。清代吴兰修的《端溪砚史》介绍了24种图样，即凤池、玉堂、玉台、蓬莱、辟雍、院样、房相样、郎官样、天砚、风字、人面、圭、璧、斧、鼎、鏊、笏、瓢、曲水、八棱、四直、莲叶、蟾、马蹄。清代谢慎修的《谢氏砚考》介绍了41种图样，即辟雍砚、玉堂砚、月池砚、支履砚、方池砚、双履砚、风字砚、凤池砚、瓢砚、玉台砚、太史砚、内相砚、都堂砚、水池砚、舍人砚、石渠瓦砚、山砚、端明砚、葫芦砚、圆池砚、斧砚、琴砚、兴和瓦砚、玉兔朝元砚、犀纹砚、斗宿砚、飞梁砚、唐坑砚、合辟砚、宝晋斋砚山、断碑砚、结绳砚、卫瓦当首砚、四直砚、文辟砚、端方砚、共砚、阴砚、鉴砚、璞古歙砚、古瓦砚。清代唐秉钧的《文房肆考图说》绘出砚图49幅，即大圆福寿、天保九如、保合太和、凤舞蛟腾、海屋添筹、五岳朝天、龙马负图、太平有象、景星庆云、寿山福海、海天旭日、先生瓜瓞、龙吟虎啸、九重春色、汉朝卤瓶、福自天来、花中君子、龙飞凤舞、三阳开泰、化平天下、德辉双凤、松寿万年，帝躬、文章刚断、东井砚、结绳砚式、丹凤朝阳、林塘锦箫、龙门双化、鸠献蟠桃、身到凤池、三星拱照、北宋钟砚、攀龙集凤、羲爱金鹅、锦囊封事、开宝晨钟、端方正直、图书程瑞、濯渊进德、五福捧寿、青鸾献寿、寿同日月、砚池泉布、太极仪象、铜雀瓦砚、连篇月露、犀牛望月、回文贯德、井田砚等。

　　这些用文字或素面描绘的砚谱，虽不完整和不成体系，但大致把砚台的模样描绘了出来。后来人们感觉到这样描述还不足以让后人了解每一方砚台的真实面貌，会给后人甄别砚台带来很多不确定性，为了弥补这一不足，让后人更好地识别古砚的真伪，更清晰地了解一方砚的真实面貌和铭文，当时的制作者便仿照其他古器物的做法，为砚台做拓片，并把拓片集书出版，以便于后世有据可查，世代传承。到了清代和民国，一些砚台收藏家对砚谱的制做出版介绍更加重视，为了更能表现铭文和画意的神韵，他们往往花重金聘高手做砚台拓片，还重金聘请一些社会名流和金石学专家作序，以提高谱书的价值和知名度。据史料记载，清代和民国是砚台拓片出现最多的时期，也是高质量谱书出版最多的时期。当时一些藏家和传拓高手联合出书，一些高质量的砚谱逐渐面世，成就了清代到民国时期优质砚谱成书的黄金时期。可以说清代到民国，是砚谱书籍面世的高峰期，正是这些砚谱的面世，让人们更准确地知道了古代的砚式、大小以及砚的名称及铭文。在这些质量较高、系统较全、内容专一的砚谱中成就较高的有：《西清砚谱》《高凤翰砚史》《阅微草堂砚谱》《广仓砚录》《梦坡室藏砚》《归云楼砚谱》《沈氏砚林》《飞鸿堂砚谱》等。清末民初时，印刷技术并不发达，且印费昂贵，致使一些高质量的砚谱印刷不多，流传不广，加之时间久远，损毁严重，目前在市面流传的已经很少。有些著作已成为国家珍本，被妥善保管，当代人阅读极为不便。为了让广大读者能够方便地阅读以上砚谱，续接砚台传统文化，在这次《中华砚文化汇典》编撰中，编委会专门将《砚谱卷》列为一个分典出版。为了把这项工作做好，我们执行主编《砚谱卷》的小组收集参考了自清代以来的各种砚谱版本进行汇编。

　　《西清砚谱》是清代第一部官修砚谱。在清乾隆戊戌年（1778），乾隆皇帝命学士于敏中（1714—1780）及梁国治、董浩、王杰、钱汝诚、曹文埴、金士松、陈孝泳等八人负责纂修，并有门应兆等人负责绘图。《西清砚谱》共计24卷（包括附录卷），收录乾隆皇帝鉴藏的砚品240件，分别以材质和时代先后为序，编为陶之属、石之属、又附录卷。录砚时代上自汉瓦砚、下迄乾隆本朝砚，均有著录。《西清砚谱》可谓自宋代米芾《砚史》、苏易简《文房四谱》、李之彦《砚谱》之后，又一部图文并茂的砚谱集大成者。

《西清砚谱》虽为我们呈现出乾隆朝内府所藏砚品的基本面貌，但受到当时历史条件所限，有些砚的年代尚存疑问，如将前朝遗砚认定为宋代砚，并以古砚相称，这对于后人了解宋代以前的汉、唐砚式均造成一定的影响，甚至有些仿古砚系仿自宋代苏轼砚谱或明代高濂砚谱，如仿古澄泥砚、仿宋代苏轼砚等，均有赝鼎，其中大部分是仿有所本。还有些砚经过了改制，均镌刻乾隆皇帝御题砚铭，或品评鉴赏，或以砚纪事，以昭示后人。虽然它们已失去本来的面貌，但仍不失为今人了解乾隆时期宫廷藏砚的重要资料，对砚史研究具有重要的历史价值。至今，《西清砚谱》著录的砚仍有大部分传世，分别珍藏于故宫博物院、中国国家博物馆、首都博物馆、台北故宫博物院等处，也有流散于海内外及民间者。《西清砚谱》总纂官为纪昀、陆锡熊、孙士毅，总校官为陆费墀。

　　《阅微草堂砚谱》，于1917年出版，收录纪昀藏砚126方。书前有张桂岩所绘的纪昀半身像，有翁方纲、伊秉绶的题记，有徐世昌作的序。该书所收砚台，制作精良，铭文丰实，书体精美。该谱砚铭内容亦诗亦文，从中可观古时文人品论各地砚石之妙，亦可赏书法之韵，领略其文辞意趣。纪昀虽在鉴别砚材及年代上有所误差，然《阅微草堂砚谱》在砚史上仍有较高的历史、学术价值。

　　《高凤翰砚史》是由清代中叶王相主持，王子若、吴熙载摹刻。《高凤翰砚史》以录砚多且附砚拓而有别于前人，此砚史对于深入探讨高凤翰这位艺术巨匠的生平、学术思想及其艺术造诣，有着极其重要的学术价值。《高凤翰砚史》收录砚台165方，皆制有铭词。书中砚台多系高凤翰自行刻制，是诗、书、画、印俱精妙的综合艺术品，更为可贵的是高凤翰将砚台拓下，剪贴于册幅之中，在册幅空白处又予题识，他借藏砚、制砚、铭砚、刻砚、题识来抒发自己的思想感情，是一部图文并茂的砚史巨著。

　　《沈氏砚林》在历代砚谱中有着极为重要的地位，不仅因为书中有历代名砚，更因为其中有吴昌硕题铭而受到藏家珍重，社会青睐。该谱是在沈如瑾殁后六年，由其子沈若怀将父亲藏砚编拓而成，该谱共收沈石友藏砚158方。《沈氏砚林》成书后，备受欢迎，社会上有"官方应以乾隆时纂修的《西清砚谱》为冠，民间则要推沈石友藏、吴昌硕题铭的《沈氏砚林》为首"的美誉。

　　《广仓砚录》是民国邹安遴选历代官私砚编成，除有铭文、图刻、器形之外，还有旁批等，印制清晰，为民国时期的古名砚收藏专著，其中南唐官砚被列于群砚之首。后附有臂搁、茗壶、笔筒等拓本。

《梦坡室藏砚》是民国年间周庆云梦坡室所藏砚的拓片集录，收录周庆云所藏历代名砚72方，由名手张良弼所拓，前有褚德彝作序。该谱正如序中所云："小窗耽玩，目骇心怡，遂觉宝晋尺岫，吐纳几前；懒瓒片云，奔腾纸上，洵可作璧友之奇观。此本拓制不多，颇为稀见。"

　　《飞鸿堂砚谱墨谱》，共3卷、收录砚台70余方，由清代汪启淑编辑。汪启淑字慎议，号秀峰，又号讱庵，自号印癖先生。安徽歙县人，久居杭州，官兵部郎中。嗜古有奇癖，好藏书，家有"开万楼"，藏书数千种。又有"飞鸿堂"，集蓄秦、汉迄宋、元及明、清印章数万方。工诗，擅六书，爱考据，能篆刻，生平好交治印名手。编著甚多，辑谱之数堪称前无古人。

　　《归云楼砚谱》是清末民国时期徐世昌所藏砚台拓本的谱集，由徐世昌编辑。共收徐世昌藏砚120余方，其质地有端石、歙石、澄泥等，材质丰富，形式多样，其学术性、艺术性享誉砚林，是砚谱中的经典之作。

　　徐世昌在平时的藏砚赏砚的过程中，往往有感而发，并随时将其对砚的评价和感悟铭于砚上，撰写铭刻了很多有价值的砚铭，对后代研究砚台、收藏砚台和研究徐世昌后半生的心路历程提供了很好的史料价值。

　　徐世昌（1855—1939），字卜五，号菊人，又号弢斋、东海、涛斋，晚号水竹村人、石门山人、东海居士。直隶（今河北）天津人，出生于河南省卫辉府（今卫辉市）府城曹营街寓所。徐世昌早年中举人，后中进士。自袁世凯小站练兵时就为袁世凯的谋士，并为盟友，互为同道，光绪三十一年（1905）曾任军机大臣，徐世昌颇得袁世凯的器重。1916年3月，袁世凯起用他为国务卿。1918年10月，徐世昌被国会选为民国大总统。1922年6月，徐世昌通电辞职，退隐天津租界以书画自娱。

　　1939年6月5日，徐世昌病故，享年85岁，有《石门山临图帖》等作品集存世。徐世昌一生编书、刻书30余种，如《清儒学案》《退耕堂集》《水竹村人集》等，被后人称为"文治总统"。

　　从以上介绍可以看出，上述砚谱是古砚传承中的重要图谱，是砚台发展传承中的重要见证，也是甄别古砚重要的科学依据，在中国砚史发展中具有举足轻重的地位和作用。编委会在讨论《中华砚文化汇典》大纲时，一致认为应尽量把这些砚谱纳入《中华砚文化汇典》之中，作为《砚谱卷》集印成册，这既能丰富汇典内容，又能让这些宝贵的珍本传承下去，让研究砚学的人和砚台收藏家从中了解古砚，认识古砚，并从古砚铭中得到滋养，让从事制砚和制拓的艺人从中领略古砚和制拓的艺术神韵，将传统文化和制作技艺传承下去、发扬开来，让后人从中认识到砚文化的博大精深，把中华这一传统文化瑰宝继承好、传承好。

这就是我们这次重新编辑这些古代《砚谱》的目的和宗旨，是为序。

《砚谱卷》负责人　火来胜

2020 年 9 月

图版目录

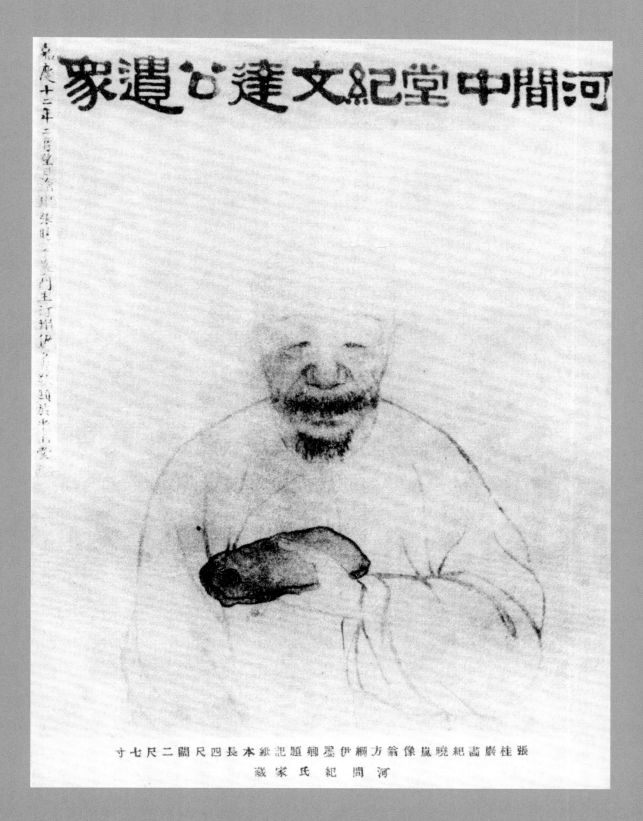

河间中堂纪文达公遗像　张桂岩　绘

皤皤黄阁老，峨峨鼎彝器。早岁献王宫，诗礼富根植。卯秋摹首时，砚席忝邻次。半夜吟啸声，千仞云霄气。戌春来登瀛，浩阐芸阁秘。煌煌帝文照，四部森起例。柯亭刘井间，墨沼栏金匮。相与观本原，往往发幽懿。二陆各何在，莼羹忆盐豉。何如手石盟，正写同岑事，稿笔上薇垣，蔷露犹珍笥。九十九砚斋，泓然邀月地。老屋古树窗，岸舟题米芾。画帧茶烟扬，张侯澹相对。此幅张再摹，轴就邗江寄，追寻谢树语，重滴兰陔泪。家学崇堂构，艺圃深浇溉，是即庭训传，奉之勿失坠。庶令拜像者，音容观精粹，不虚覃溪题，勉肖平生志。

癸酉冬仲下澣题，文达公洗砚遗照应贤孙香林属。方纲，年八十有一。

翁方纲为文达公洗砚照题记　翁方纲、伊秉绶

剧门养疴，日月悠忽，绿阴绕屋，红药翻阶。范孙侍郎遣其子智怡，赍剞投余，附河间纪文达公《阅微草堂砚谱》拓本一册，为文达裔孙堪谨所藏孤本，将与宁津李浚之商讨石印而嘱序于余。余时方坐春秋佳日亭，展之石几。日光自树隙流入，闪烁简册，作绀碧色，恍若砚石累累然陈之于前焉。

砚有出之上赐者，有友朋之所投赠者，制作之雅，铭词之精，皆不能赞一辞。独思公当全盛之朝，出诸城刘文正公门下，以博学多闻，深结主知，居天禄石渠者数十年，词臣稽古之荣罕有伦匹。

公与文正子文清皆好

銘詞之精皆不能贊一辭獨思公當

全盛之

朝出諸城劉文正公門下以博學多聞

深結

主知居天禄石渠者數十年詞臣稽

古之榮罕有倫匹公與文正子文清皆好

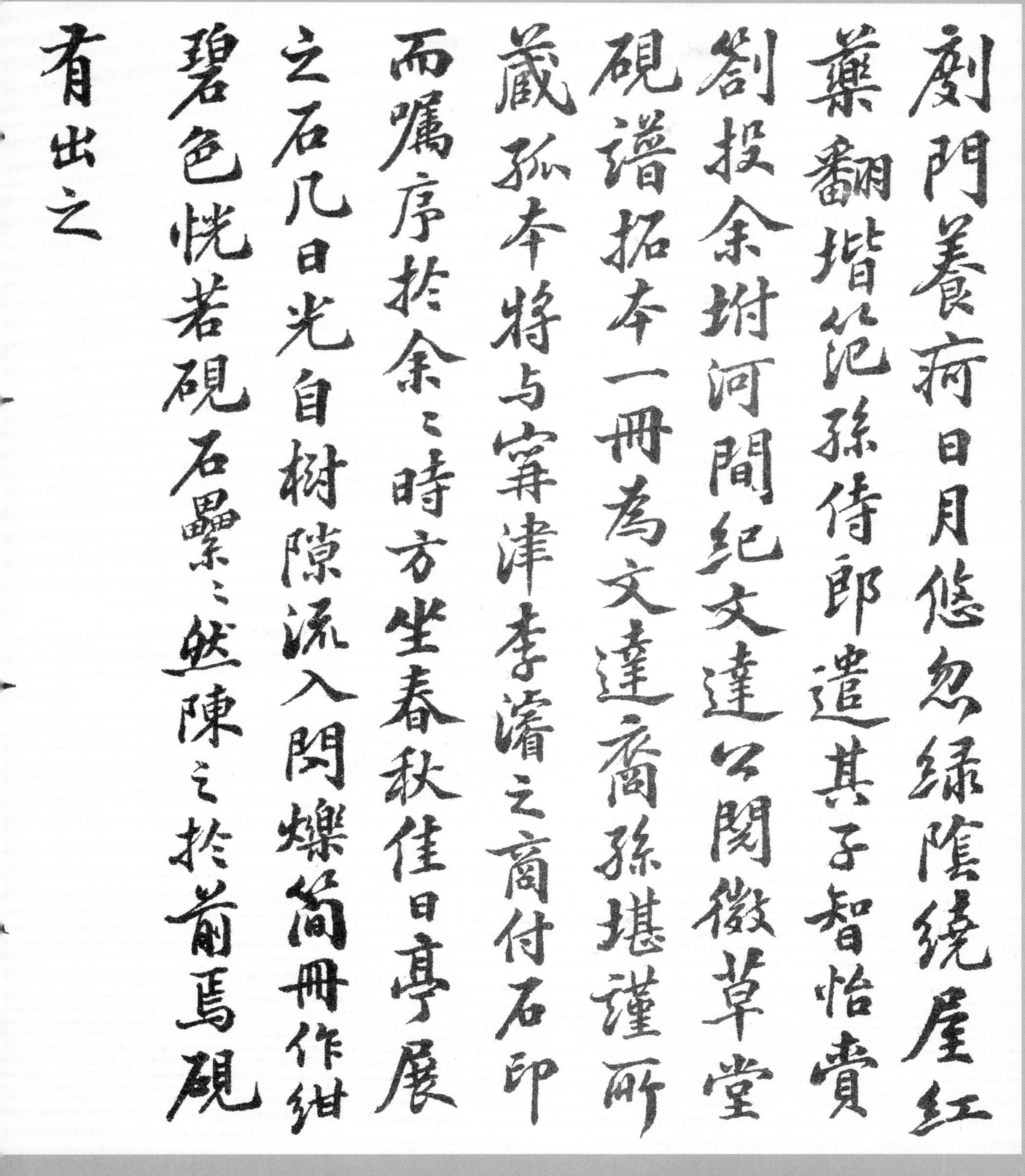

劇門養病日月悠忽綠陰繞屋紅
藥翻皆花孫侍郎遣其子智怡賣
劉投余坿河間紀文達公閱微草堂
硯譜拓本一冊為文達裔孫堪謹所
藏孤本將与審津李滄之商付石印
而囑序於余時方坐春秋佳日亭展
之石几日光自樹隙流入閃爍簡冊作紺
碧色恍若硯石羃羃然陳之於前焉硯
有出之

《阅微草堂砚谱》序　徐世昌

蓄砚。互相赠遗，甚至互相攫取。公铭砚文中有谓："太平卿相，不以声色货利相矜，而惟以此事为笑乐，殆亦后来之佳话欤？"谱中又有文正赠公黄贞父旧砚，公自记诗云："此是乾隆辛卯岁，醉翁亲付老门生。"则尤见前人师弟渊源之重，而道德文章之切劘，自少壮以至耄老，笃信谨守，无跬步之或违也。

　　余近年亦颇好砚，每得石辄自铭之。昼长人静，焚香磨墨，对之抚古帖数十字，便觉灵府洞涤，澄然焕然，不知门外有软红十丈也。惜乎！学问无成，仅藉为娱老之具，纵不以声色货利丧厥志，而以视老辈意境，瞠乎后矣！

　　　　丙辰清和月徐世昌书。

蓋硯互相贈遺甚至互相攘取公銘
硯文中有謂太平卿相不以聲色貨利
相矜而惟以此事為笑樂殆六版來之佳
話歟譜中又有文正贈公黃貞父舊
硯公自記詩云此是乾隆辛卯歲醉
翁親付老門生則尤見前人師弟淵
源之重而道德文章之切劘自少壯
以至耄老篤信謹守無踰步之或違
也余近年六頗好硯每得石輒自銘之

《阅微草堂砚谱》序 徐世昌

007

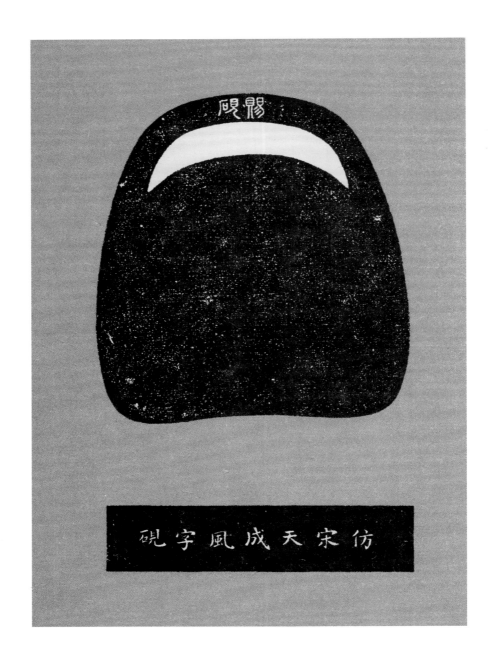

仿宋天成风字砚（正）

【文】

赐砚。仿宋天成风字砚。

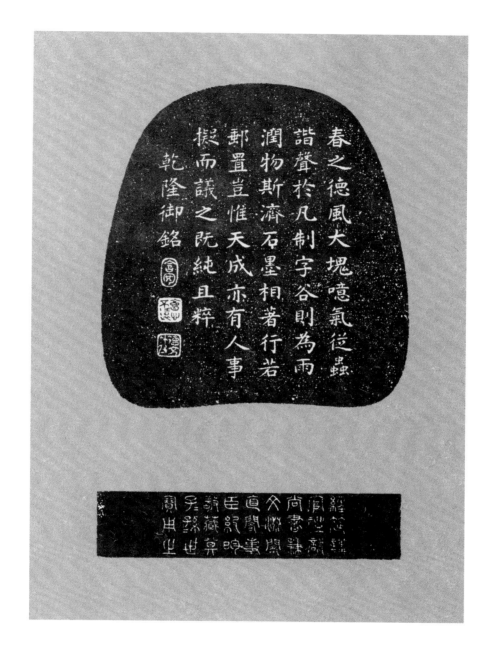

仿宋天成风字砚（背）

【文】

春之德风，大块意气。从虫谐声，于凡制字。谷则为雨，润物斯济。石墨相著，行若邮置。岂惟天成，亦有人事。拟而议之，既纯且粹。乾隆御铭。

经筵讲官礼部尚书兼文渊阁直阁事臣纪昀敬藏，其子子孙孙世宝用之。

【印】

含辉、会心不远、德充符

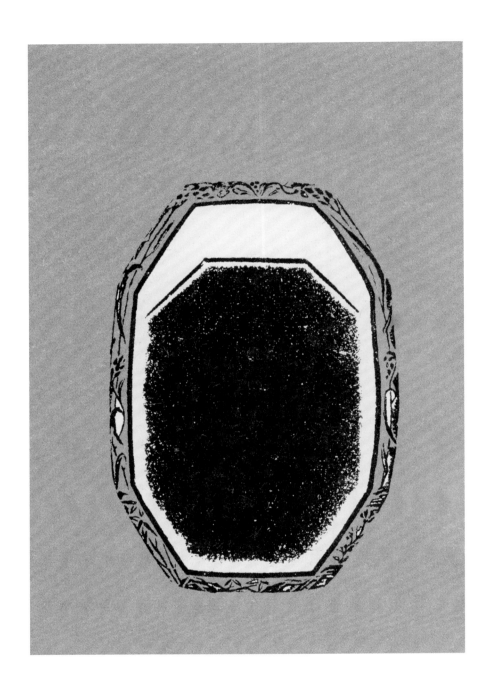

八角御赐砚（正）

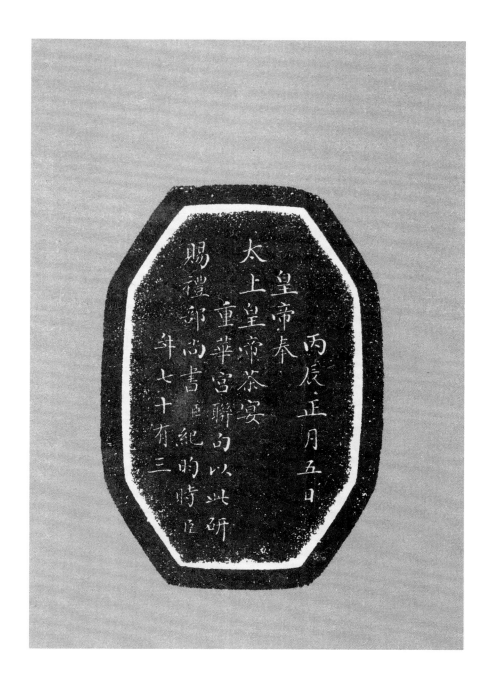

八角御赐砚（背）

【文】

丙辰正月五日，皇帝奉太上皇帝茶宴，重华宫联句，以此研^①赐礼部尚书臣纪昀。时臣年七十有三。

①"研"同砚，全书同。

凤鸣高岗砚（正）

凤鸣高岗砚（背）

【文】

相尘朝阳，凤鸣高岗，卷阿效咏，周以世昌，勖哉君子，仰□召康，四门宏辟，邦家之光。嘉庆甲子正月，晓岚铭。

门形砚（正）

门形砚（背）

【文】

枯研无嫌似铁顽，相随曾出玉门关。龙沙万里交游少，只尔多情共往还。乾隆辛卯六月自乌鲁木齐归，囊留一研，题廿八字识之。晓岚。

蟾形砚（正）

蟾形砚（背）

【文】

　　检校牙签十万余，濡毫滴渴玉蟾蜍。汗青头白休相笑，曾读人间未见书。晓岚自题。

黄贞文砚（正）

黄贞文砚（背）

【文】

　　黄贞文研，归刘文正。晚付门人，石渠校定。启棳擩毫，宛聆提命。
如郑公笈，千秋生敬。纪昀敬铭。

黄贞文砚（两侧）

【文】

以静能寿，以有容能寿，君子哉，吾石友。

刘文正公旧研。

【印】

黄汝亨

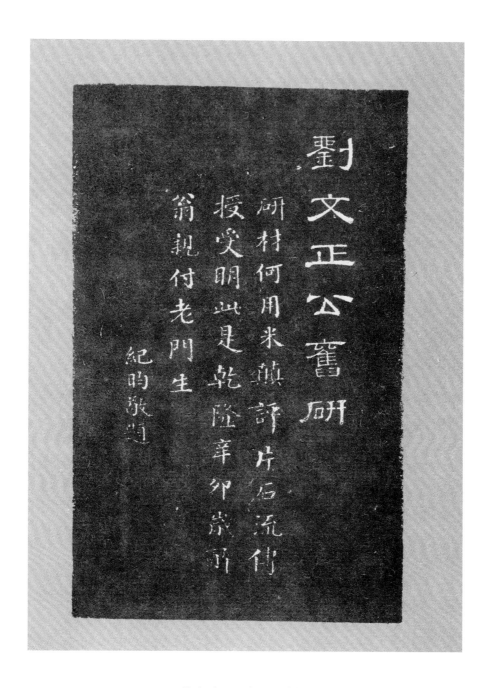

黄贞文砚（砚匣底）

【文】

刘文正公旧研。研材何用米颠评，片石流传授受明。此是乾隆辛卯岁，醉翁亲付老门生。纪昀敬题。

聚星太史砚（正）

聚星太史砚（背）

【文】

聚星。

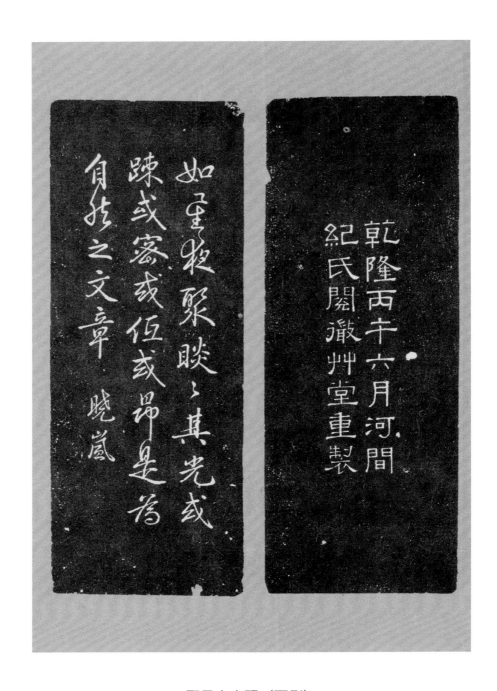

聚星太史砚（两侧）

【文】

乾隆丙午六月，河间纪氏阅微草堂重制。

如星夜聚，晱晱其光，或疏或密，或低或昂。是为自然之文章。晓岚。

聚星太史砚（砚匣底）

【文】

宋太史砚，赏鉴家多嫌其笨，弃之不收，其或割裂为小研。盖雕镂之式盛行，故相形见绌耳。此研乃明高斗南鸿胪旧物，后归五公山人，又转入束州孔氏。孔氏中落，以售于余，其不毁者幸也。偶与门生话及，固再为之铭曰：厚重少文，无薄我绛侯，如惊蛱蝶，彼乃魏收。嘉庆辛酉长至前六日，观弈道人题，时年七十有八矣。

随形砚（正、背）

【文】

似出自然，而宝雕镌，吾乃知人工之巧，形态万千，赏鉴者慎旃。晓岚。

随形砚（砚匣底）

【文】

澄绿。张桂岩以此研见赠，云端溪绿石，余以其有芒，疑为歙产，老研工马生曰：是松花江新坑石也。松花江旧坑多顽，新坑则发墨。以其晚出，故赏鉴家多未知耳。此语昔所未闻因镌诸研匣，以资博识。庚戌六月，晓岚记。

黻文砚（正）

黻文砚（背）

【文】

刘公清苦复院僧，纪公冷陷空谭冰。两公棐几许汝登，汝实外朴中藏棱。嘉庆丙辰二月，曲阜桂馥铭。

晓岚爱余黻文砚，因赠之，而我以铭曰：石理缜密石骨刚，赠都御史写奏章，此翁此砚真相当。壬子二月，石庵。

【印】

墉。

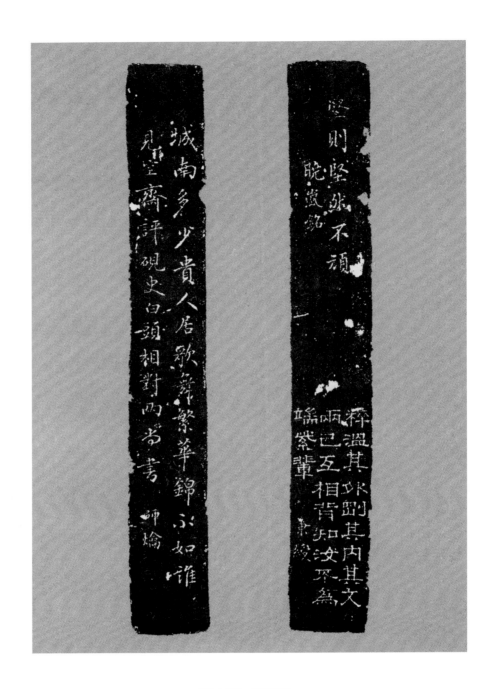

黻文砚（两侧）

【文】

坚则坚，然不顽。晓岚铭。

粹温其外刚其内，其文两已互相背，知汝不为端紫辈。秉绶。

城南多少贵人居，歌舞繁华锦不如。谁见空斋评砚史，白头相对两尚书。师爋。

龙纹砚（正）

龙纹砚（背）

【文】

绎堂尝攫取石庵砚，后与余阅卷聚奎堂，有砚至佳，余亦攫取之。绎堂爱不能割，出此砚以赎。因书以记一时之谐戏，且以证螳螂黄雀之喻诚至言也。乾隆乙卯长至，晓岚识。

龙纹砚（砚匣底）

【文】

机心一动生诸缘，扰扰黄雀螳螂蝉。楚人失弓楚人得，何妨作是平等观。因君忽忆老米颠，王略一帖轻据船。玉蟾蜍滴相思泪，却自区区爱砚山。绛堂遣人来换砚，戏答以诗，因书于砚匣。

琴形砚（正）

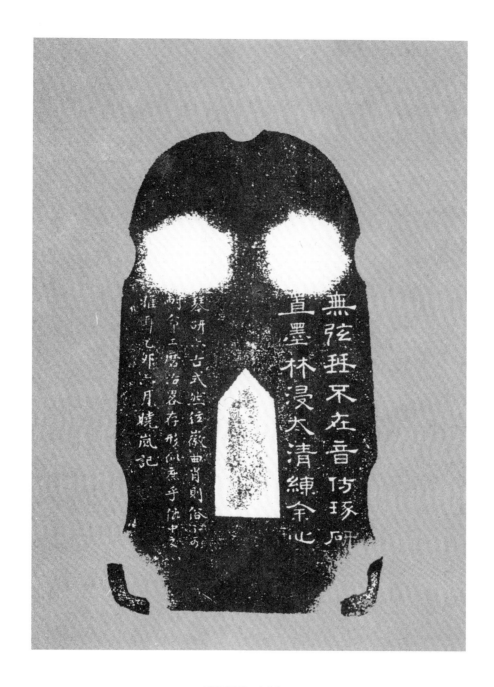

琴形砚（背）

【文】

无弦琴，不在音。仿琢研，置墨林。浸太清，练余心。

琴研亦古式，然弦微曲肖则俗不可耐。命工磨治，略存形似，庶乎俗中之雅耳。乙卯六月，晓岚记。

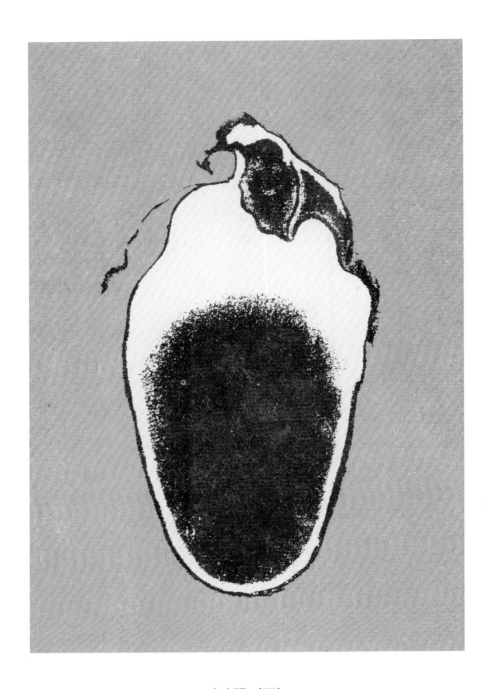

瓜叶砚（正）

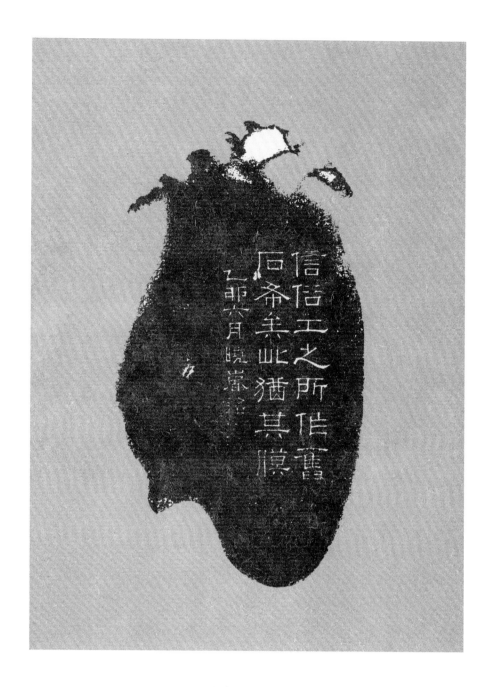

瓜叶砚（背）

【文】

信俗工之所作，旧石希矣，此犹其膜。乙卯六月，晓岚铭。

井字砚（正）

【文】

扪参历井。

【印】

瑞峰。

井字砚（背）

【文】

余为香亭侍郎作集序，香亭以此研润笔。有小印曰"瑞峰"，知为周公绍龙之故物。又小篆"扪参历井"字，盖其官翰林时，尝以丈量使四川，因池作井栏，故借以记行云。乾隆乙卯七月，晓岚题。

井字砚（砚匣底）

【文】

惟井及泉，挹焉弗竭。惟动以浚之，弥甘以冽。

旧有井栏研为作此铭，后为门生辈携去，此砚池亦作井栏，因再镌于匣上。嘉庆癸亥二月三日，晓岚识，时年八十。

山水纹砚（正、侧）

【文】

石庵以砚赠余，戏书小札于砚背，因镌以代铭。时乾隆乙卯九月九日。

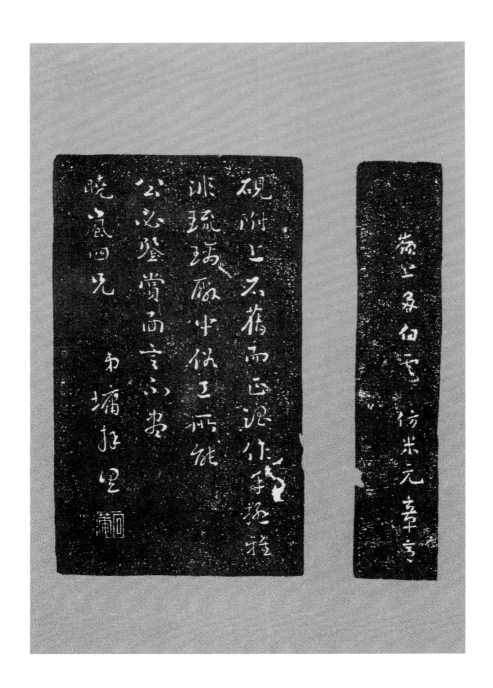

山水纹砚（背、侧）

【文】

岭上多白云，仿米元章言。

砚附上，石旧而正，认作手极雅，非琉璃厂中俗工所能。公必鉴赏，面言不尽。晓岚四兄。弟墉拜呈。

【印】

石庵。

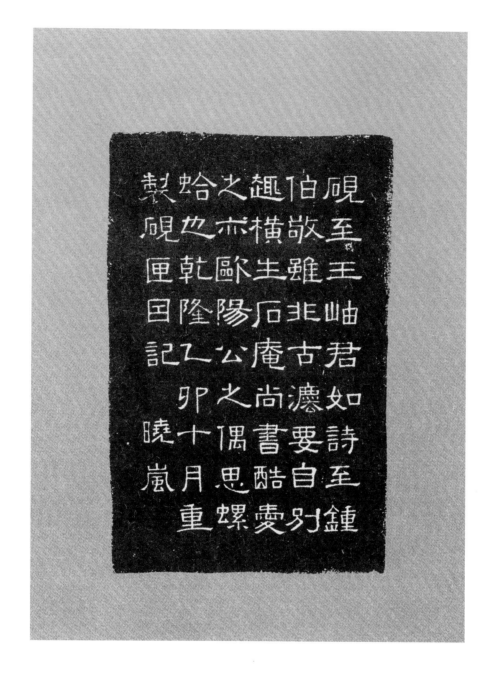

山水纹砚（砚匣底）

【文】

砚至王岫君，如诗至钟伯敬。虽非古法，要自别趣横生。石庵尚书酷爱之，亦欧阳公之偶思螺蛤也。乾隆乙卯十月重制砚匣因记。晓岚。

门形砚（正）

门形砚（背）

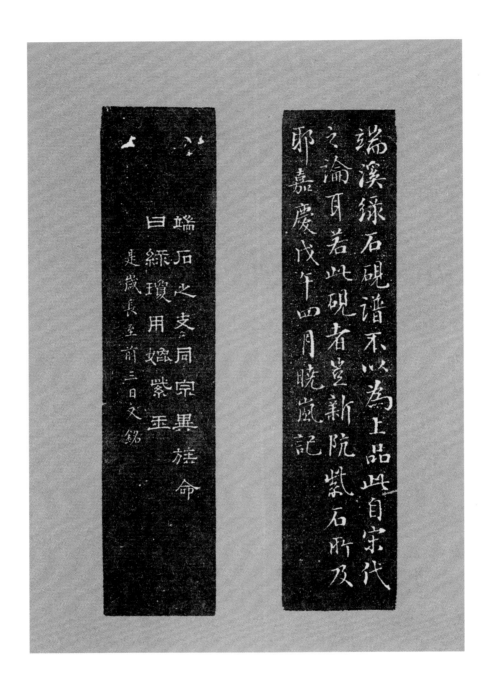

门形砚（两侧）

【文】

端溪绿石，砚谱不以为上品，此自宋代之论耳。若此砚者岂新坑紫石所及耶。嘉庆戊午四月晓岚记。

端石之支，同宗异族，命曰绿琼，用媲紫玉。是岁长至前三日又铭。

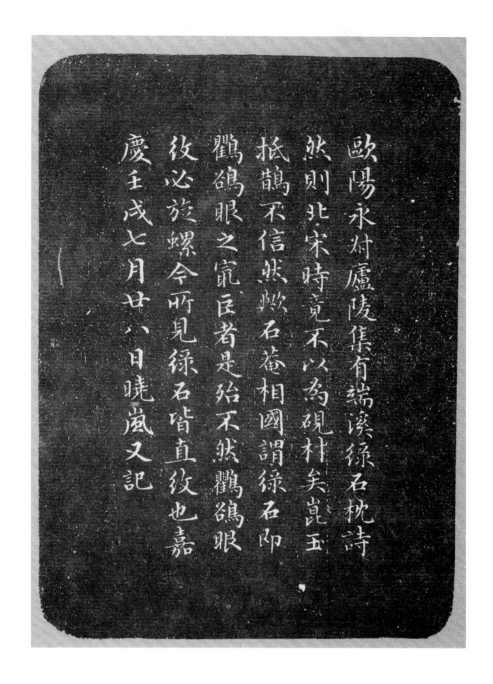

门形砚（砚匣底）

【文】

欧阳永叔，《庐陵集》有端溪绿石枕诗，然则北宋时竟不以为砚材矣，昆玉抵鹊不信然欤？石庵相国谓绿石即鹳鹆眼之最巨者是，殆不然鹳鹆眼纹必旋螺，今所见绿石皆直纹也。嘉庆壬戌七月廿八日。晓岚又记。

钟形砚（正）

钟形砚（背）

【文】

　　此迦陵先生之故砚，伯恭司成以赠石庵相国，余偶取把玩，相国因以赠余。迦陵四六，颇为后来所嗤点。余撰四库全书总目力支柱之，毋乃词客有灵，以此示翰墨因缘耶？嘉庆戊午十月，晓岚记。

随形砚（正）

随形砚（背）

【文】

不方不圆，因其自然，固差胜于雕镌。嘉庆庚申三月，晓岚铭。

守口如瓶砚（正）

守口如瓶砚（背）

【文】

　　芸楣相国以瓶砚见赠，因为之铭曰：守口如瓶，郑公八十之所铭，我今七十有八龄，其循先正之典型，勿高论，以惊听。嘉庆辛酉八月卅日，晓岚题。

七弦琴砚（正）

七弦琴砚（背）

【文】

空山鼓琴，沉思忽往，含毫邈然，作如是想。嘉庆辛酉十月，晓岚铭，时年七十有八。

汤池砚（正）

汤池砚（背）

【文】

缜密以栗，得玉德之一。嘉庆辛酉十月，晓岚铭，时年七十有八。

月池长方形砚（正）

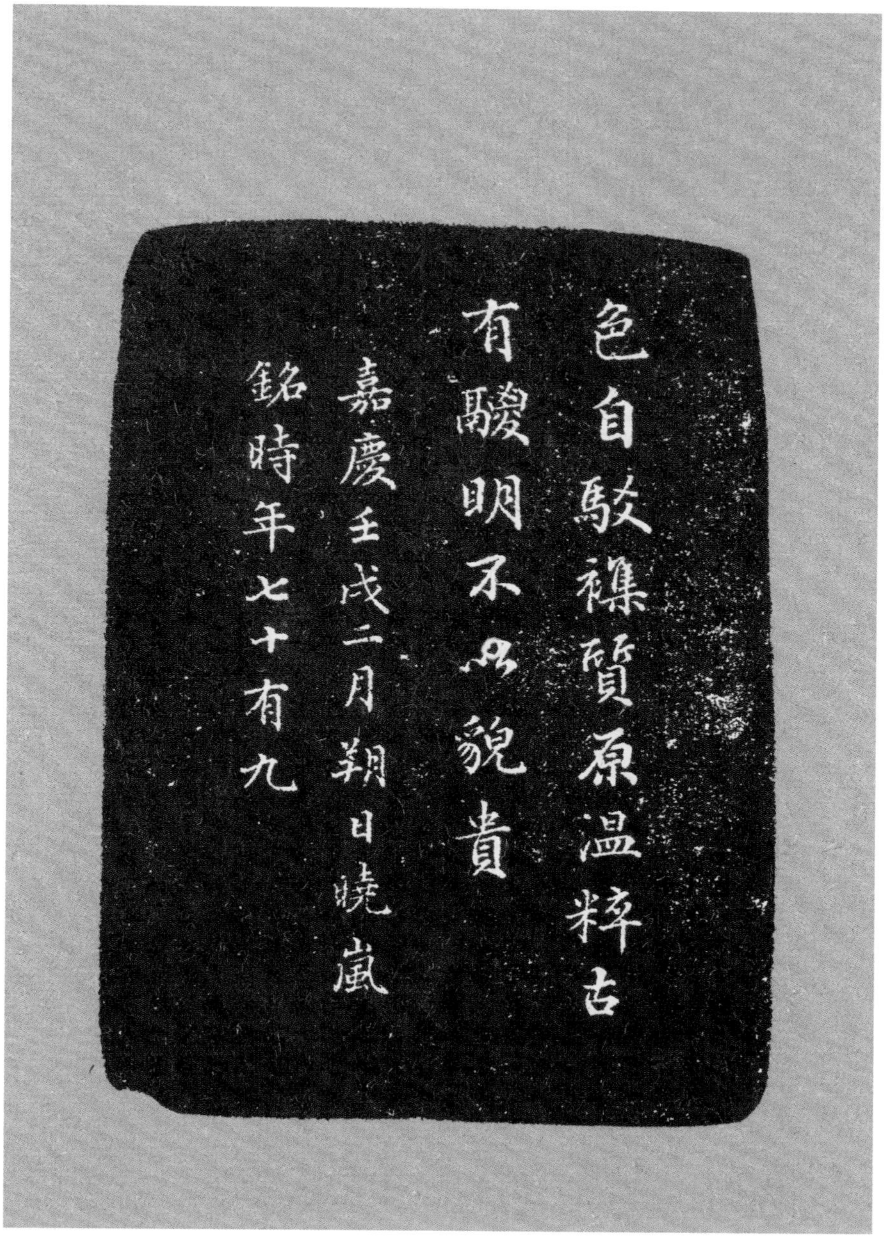

月池长方形砚（背）

【文】

色自驳杂，质原温粹，古有鬷明，不以貌贵。嘉庆壬戌二月朔日，晓岚铭，时年七十有九。

石渠砖砚（正）

【文】

砚本砖形，故覃溪以摹汉砖，池乃皆山所开，非其旧也。

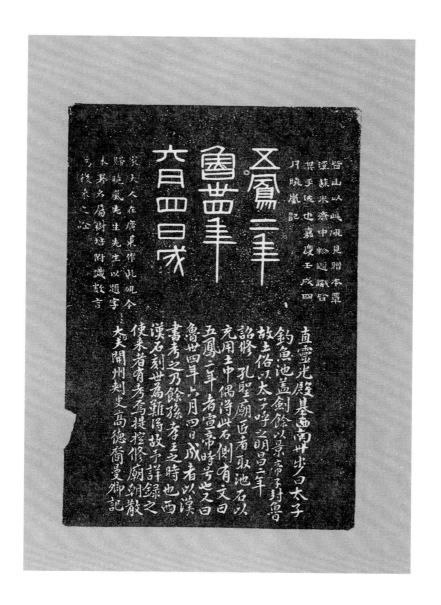

石渠砖砚（背）

【文】

皆山以此砚见赠，本覃溪苏米斋中物，题识皆其手迹也。嘉庆壬戌四月，晓岚记。

五凤二年，鲁卅四年六月四日成。

家大人在广东作此砚，今归晓岚先生，先生以题字未署名，属树培附识数言，为后来之诠。

直灵光殿基西南卅步曰"太子钓鱼池"，盖刘馀以景帝子封鲁故土，俗以太子呼之。明昌二年，诏修孔圣庙，匠者取池石以充用，土中偶得此石。侧有文曰："五凤二年"者，宣帝时号也，又曰："鲁卅四年六月四日成"者，以《汉书》考之，乃馀孙孝王之时也。西汉石刻世为难得，故予详录之，使来者有考焉。提控修庙朝散大夫，开州刺史高德裔曼卿记。

石渠砖砚（两侧）

【文】

此刻孙耳伯以为石，而朱竹垞以为砖，"凤"高刻为□，而牛刻为□，"鲁"高刻□，而牛刻□，记文直。

牛刻为"置"盖甚矣：寻偏旁，推点画之难也。乾隆辛卯秋九月朔，石洲西斋摹。

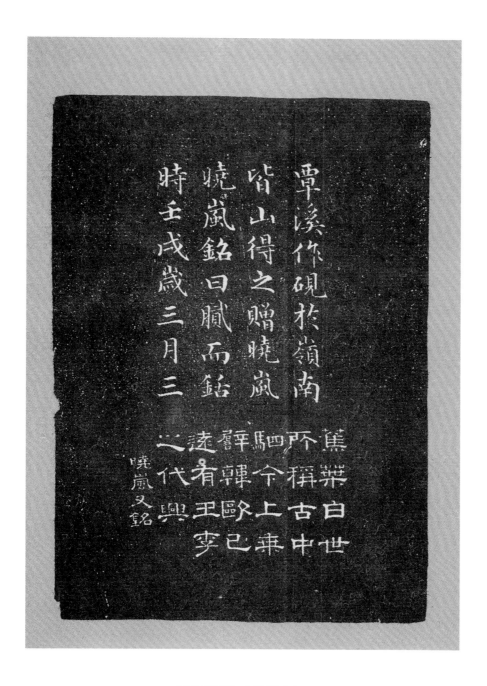

石渠砖砚（砚匣底）

【文】

覃溪作砚于岭南，皆山得之赠晓岚。晓岚铭曰腻而铦，时壬戌岁三月三。

蕉叶白，世所称，古中驷今上乘。辟韩欧已远，有王李之代兴。晓岚又铭。

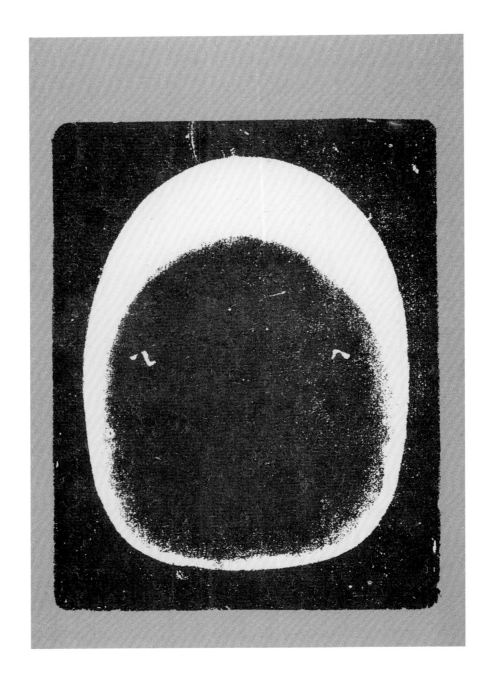

长方椭圆池砚（正）

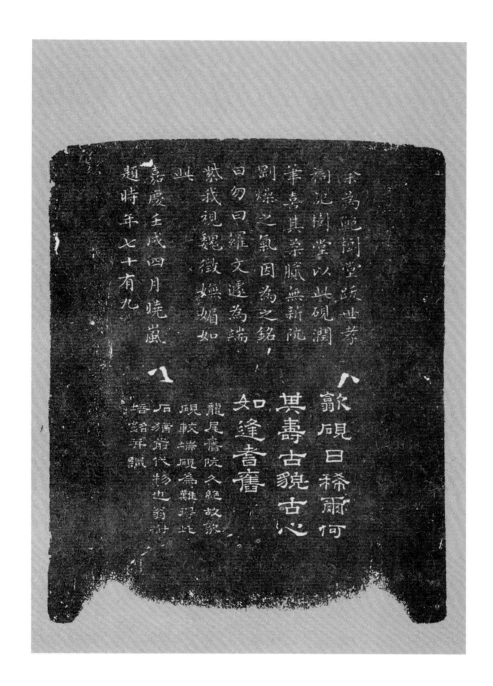

长方椭圆池砚（背）

【文】

余为鲍树堂跋世孝祠记，树堂以此砚润笔，喜其柔腻，无新坑刚燥之气，因为之铭曰，"勿曰罗文，遽为端紫，我视魏徵，妩媚如此"。嘉庆壬戌四月，晓岚题，时年七十有九。

歙砚日稀，尔何其寿，古貌古心，如逢耆旧。龙尾旧坑久绝，故歙砚较端砚为难得，此石犹前代物也。翁树培铭并识。

四渠砚（正、背）

【文】

观亦道人审定宋砚。嘉庆壬戌长至日识。

风字砚（正、背）

【文】

　　砚史载，王右军有风字砚。此虽因欹斜石角牵就琢成，然是书家最古之样也。壬戌八月，晓岚记。

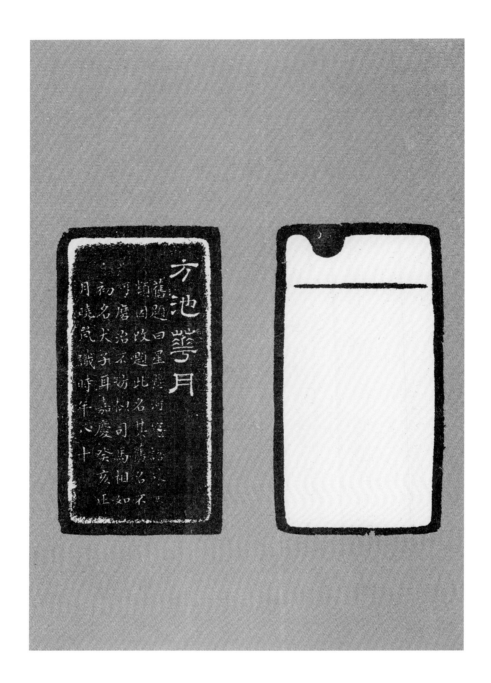

方池花月砚（正、背）

【文】

方池花月。

旧题曰：星悬河写，语殊石类，因改题此名，其旧名不可磨治，不妨似司马相如初名犬子耳。嘉庆癸亥正月，晓岚识，时年八十。

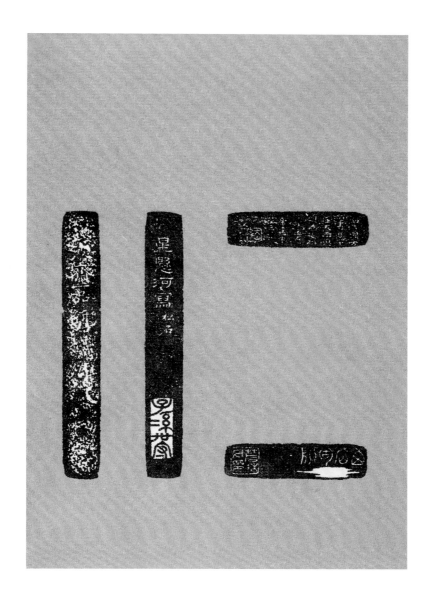

方池花月砚（侧）

【文】

星悬河写。松石。子孙世守。

波斋一品砚。

圆者图，方者书，进笔墨发而与道为徒。研乎？砚乎？唐建中铭。

西山宝片。

【印】

大山子、若林文印。

龙纹砚（正）

龙纹砚（背）

【文】

　　此在旧坑亦平平耳，新石累累，乃不复有此，长沙北地之文章，可从此悟矣。嘉庆癸亥正月，晓岚铭，时年八十。

五福捧寿砚（正）

五福捧寿砚（背）

【文】

　　五蝠本俗样，此砚饰置生动，遂可入赏鉴，即此可悟文心矣。嘉庆癸亥正月，晓岚识，时年八十。

葫芦砚（正、背）

【文】

墨注。

工于蓄聚，不吝于抱注。富而如斯，于富乎何恶。癸亥正月，晓岚铭，时年八十。

葫芦砚（砚匣底）

【文】

阅微草堂。

余以意造墨注，颇便挥染，为伊墨卿持去。后得此砚，与余所造无异，闭门造车，出门合辙，信夫！晓岚又记。

长方池砚（正）

【文】

端溪石品，新旧悬殊。然旧坑未必定佳，新坑未必定不佳，但问其适用否耳。此砚犹新石之可用者，腰袋不易求，即款段亦可乘也。嘉庆癸亥六月望日，观弈道人题，时年八十。

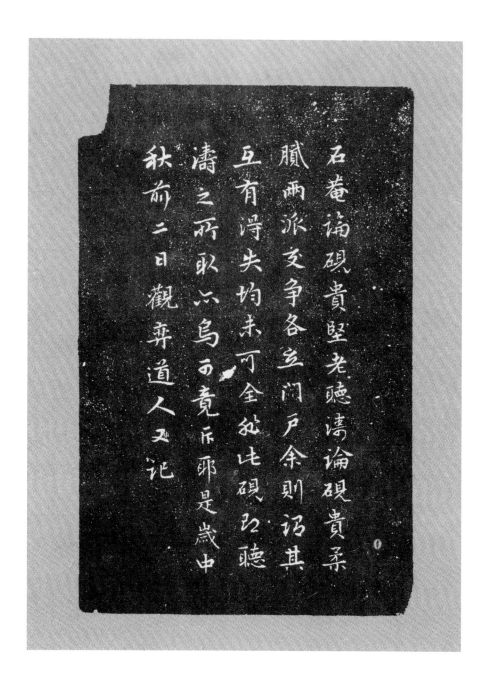

长方池砚（背）

【文】

石庵论砚贵坚老，听涛论砚贵柔腻。两派交争各立门户，余则谓其互有得失，均未可全非，此砚即听涛之所取，亦乌可竟斥耶。是岁中秋前二日，观弈道人又记。

鹤山铭太史砚（正）

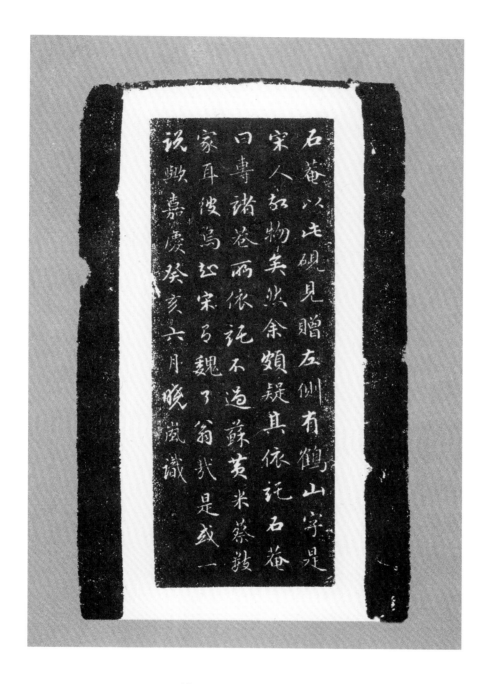

鹤山铭太史砚（背）

【文】

　　石庵以此砚见赠。左侧有"鹤山"字，是宋人故物矣，然余颇疑其依托。石庵曰：专诸巷所依托，不过苏黄米蔡数家耳。彼乌知宋有魏了翁哉，是或一说与？嘉庆癸亥六月，晓岚识。

鹤山铭太史砚（侧）

【文】

鹤山。

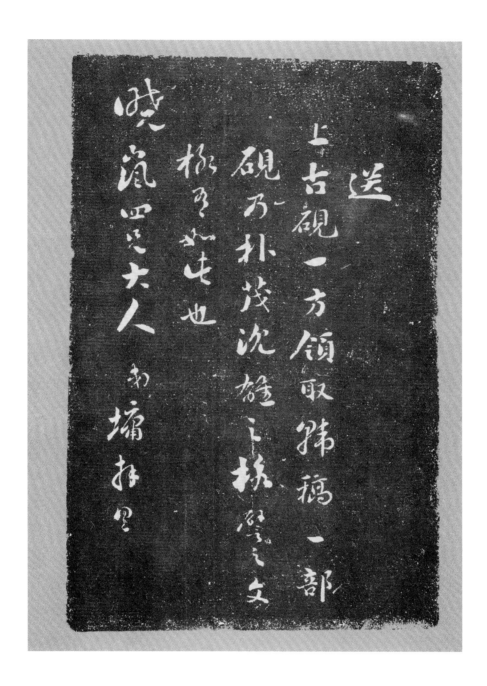

鹤山铭太史砚（砚匣底）

【文】

送上古砚一方，领取韩稿一部，砚乃朴茂沉雄之极，譬之文，极有如此也。晓岚四兄大人，弟墉拜呈。

竹节砚（正）

【文】

汗简。秋吟居士题。

竹节砚（背、侧）

【文】

　　襄在史馆，尝为竹节砚，铭曰：介如石，直如竹，史氏笔，挠不曲。后为人持去。顷得此砚，制略相似。因思笔不免于挠，挠不免于曲，岂但史氏哉。仍镌此铭与其背。嘉庆癸亥六月，晓岚记，时年八十。

　　劲节长青，祝。孙树乔跽。

铭文太史砚（正）

铭文太史砚（背）

【文】

此董柘林相国所赠，古色黯然，当是数百年外物，恍惚记忆，似曾见之斯与堂也。嘉庆癸亥七月，晓岚识，时年八十。

长方池方形砚（正）

长方池方形砚（背）

【文】

作作有芒，幸不太刚。嘉庆癸亥七月，晓岚铭。

瓶形砚（正）

瓶形砚（背）

【文】

砚璞余材，窘于边幅，取尔粹温，荧然紫玉。嘉庆癸亥十月，晓岚铭。

椭圆汤池砚（正）

椭圆汤池砚（背、侧）

【文】

嘉庆癸亥十月，河间纪氏阅微草堂重制。

刻鸟镂花，弥工弥俗，我思古人，斫雕为朴。晓岚。

长方形汤池砚（正）

长方形汤池砚（背）

【文】

端溪旧石。

研背端溪旧石字，不知谁题，然非市侩公伪作也。嘉庆甲子正月，晓岚识，时年八十有一。

直上云霄砚（正）

【文】

直上云霄。

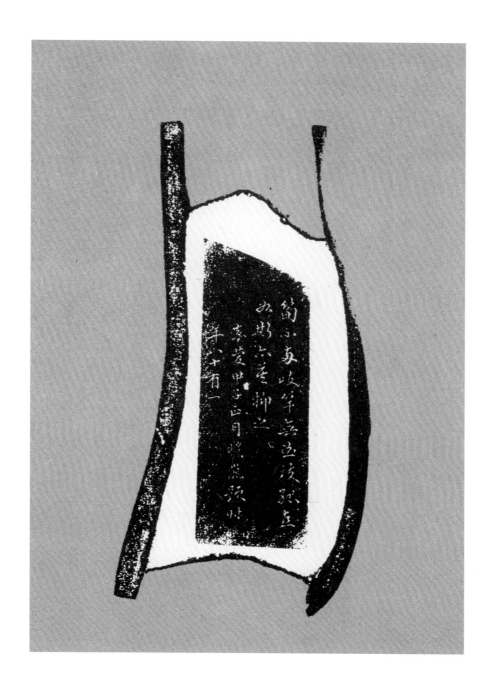

直上云霄砚（背）

【文】

笋不两歧，竿无曲枝。孤直如斯，亦莫抑之。嘉庆甲子正月，晓岚题，时年八十有一。

双边长方砚（正）

双边长方砚（背）

【文】

持较旧坑，远居其后，持较新坑，汝则稍旧，边幅虽狭，贵其敦厚。偃息墨林，静以养寿。更阅百年，汝亦稀觏。嘉庆甲子正月，晓岚铭，时年八十有一。

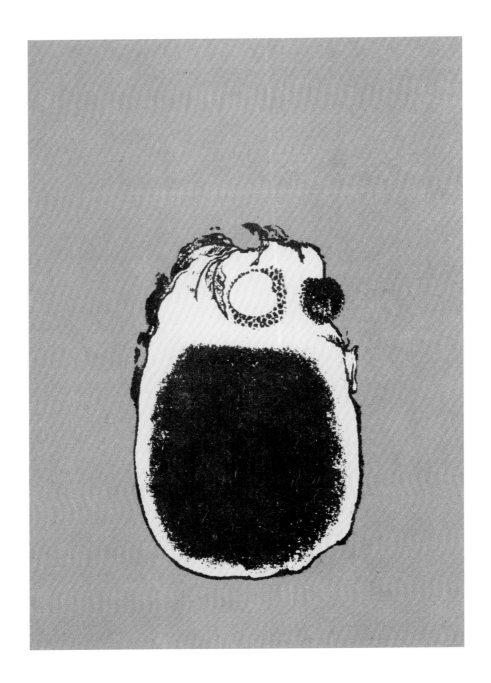

荔枝砚（正）

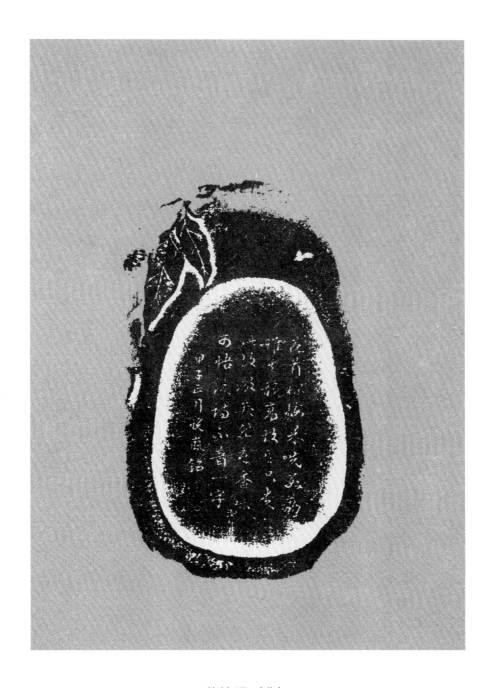

荔枝砚（背）

【文】

　　花首称梅，果先数荔。惟其韵高，故其品贵。此故微矣，非色香味。可悟谈诗，不著一字。甲子正月，晓岚铭。

圭砚（正）

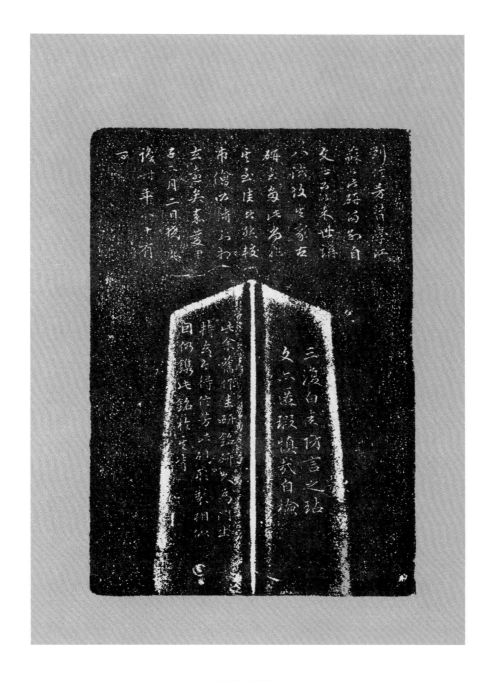

圭砚（背）

【文】

刘信芳督学江苏，以此砚留余。自文正公以来，世讲八法，故其家古研至多。此当非其至佳者，然较市侩所持，则相去远矣。嘉庆甲子二月二日，晓岚识，时年八十有一。

三复白圭，防言之玷。文亦匪瑕，慎哉自检。此余旧作圭研铭，研文为门生持去。今得信芳此砚，形制相似，因仍镌此铭于其背。

长方铭文砚一（背）

【文】

黄荣阁赠余双砚，新石柔腻，与笔墨颇宜，或谓其肌里不坚，恐墨渍渐滑，然勤于洗涤，史胶气不能渗入，亦尚不遽钝也。嘉庆甲子二月，晓岚记。

长方铭文砚二（背）

【文】

治亭尝言："石庵论砚贵坚老，殆为子孙数百年计。余则谓，嫩石细润，用之最适，钝则别换。有何不可乎？"此语亦殊有理，因书于荣阁公赠第二砚背。晓岚又记。

云纹随形砚（正）

云纹随形砚（背）

【文】

龙无定形，云无定态。形态万变，云龙不改。文无定法，是即法在。无骋尔才，横流沧海。晓岚铭。

韩孟云龙，文章真契。此非植党，彼非附势。渺渺予怀，慨焉一喟。甲子二月，晓岚又铭。

瓜形砚（正）

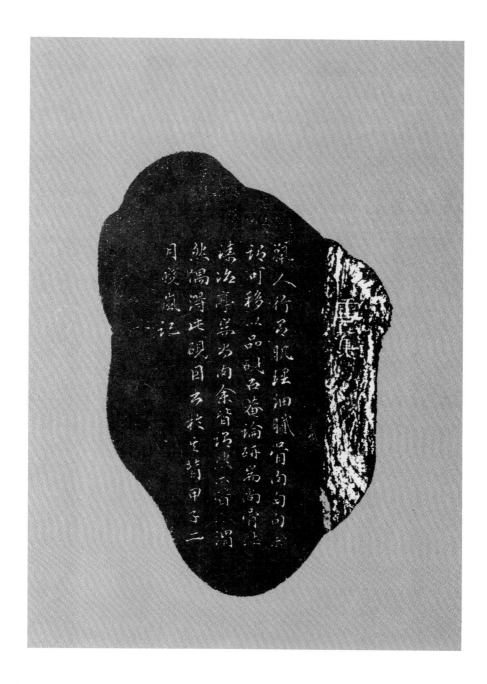

瓜形砚（背）

【文】

雪庵。

《丽人行》有"肌理细腻骨肉匀"句，余谓，可移以品砚。石庵论研专尚骨，听涛治亭专尚肉。余皆谓然。□□渭然，偶得此砚，因书于其背。甲子二月，晓岚记。

淌池砚（正）

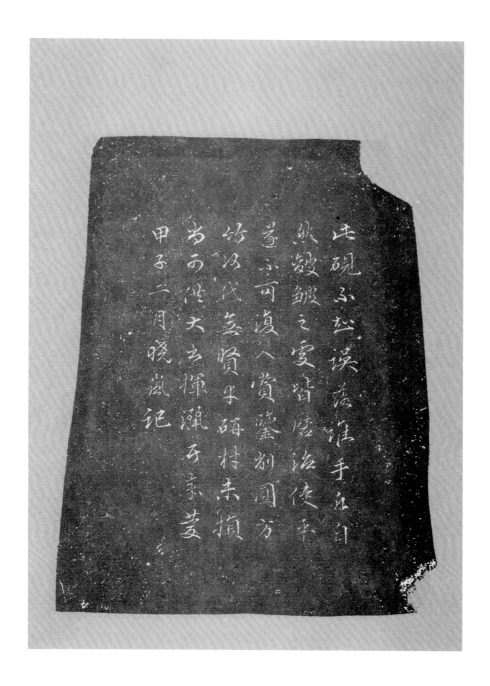

淌池砚（背）

【文】

　　此砚不知误落谁手，凡自然皴皱之处皆磨治使平，遂不可复入赏鉴。
削圆方竹，何代无贤才？砚材未损，尚可供大书挥洒耳。嘉庆甲子二月，
晓岚记。

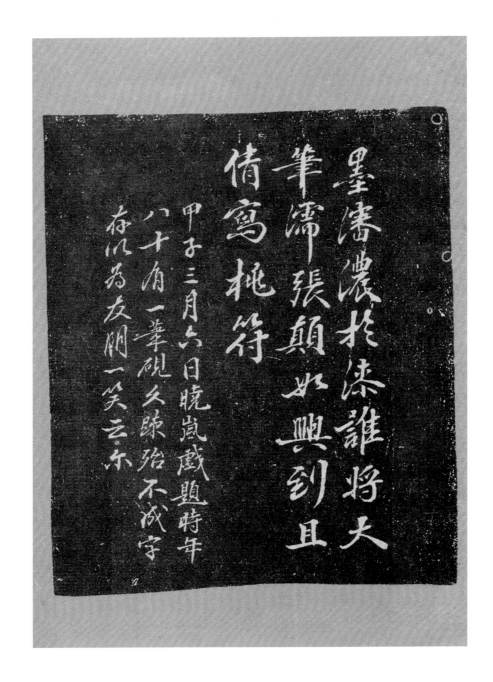

淌池砚（砚匣底）

【文】

墨沈浓于漆，谁将大笔濡，张颠如兴到，且倩写桃符。甲子三月六日，晓岚戏题，时年八十有一。笔砚久疏殆不成字，存以为友朋一笑云尔。

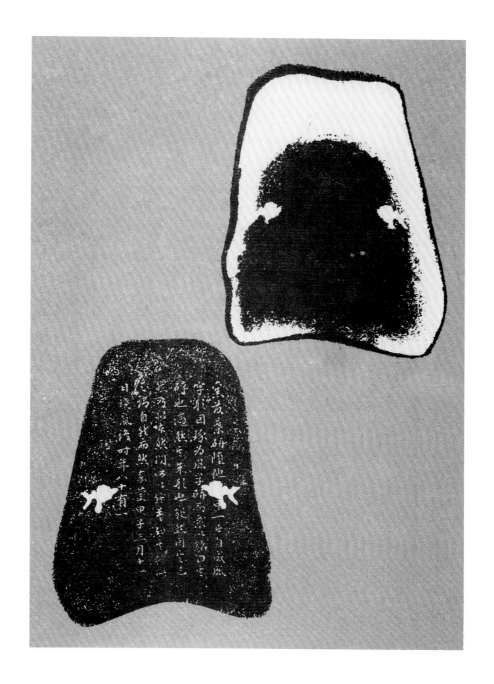

风字砚（正、背）

【文】

旧荷叶研堕地，其中一片自成风字形，因琢为风字研，而系以铭曰：
其碎也适然，其成形也宛然，因其己然，乃似本然，问所以然，莫知其然，
此之谓自然而然。嘉庆甲子三月十一日，晓岚识，时年八十有一。

黄昆圃先生旧砚（正）

黄昆圃先生旧砚（背）

【文】

此黄昆圃先生旧砚，温润缜密，宛然宋石，惟形制不类宋人作，当是元、明间物也。嘉庆甲子四月，晓岚记，时年八十有一。

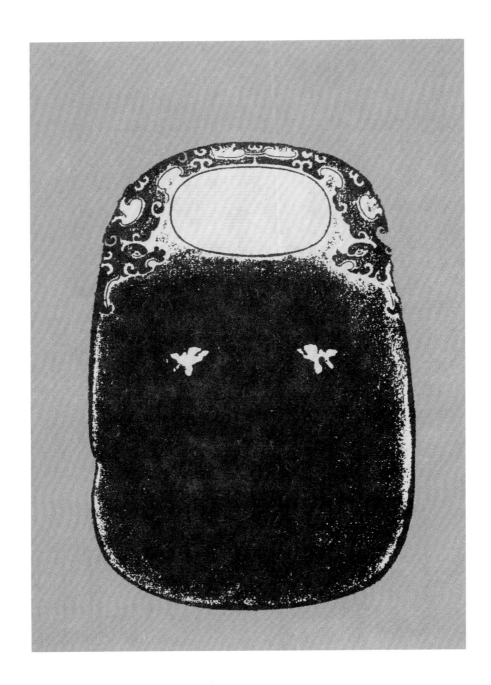

二龙戏珠砚（正）

二龙戏珠砚（背）

【文】

　　和庵自广东巡抚还京，以此研赠余曰"端溪旧石，稀若晨星，新石之佳者，则此为上品矣"。竹虚亦言"歙石久尽，新砚公采于婺源"。然则，端紫罗文，已同归于尽，又何必纷纷相轧乎？嘉庆甲子四月，晓岚记，时年八十有一。

115

瓦当砚（正）

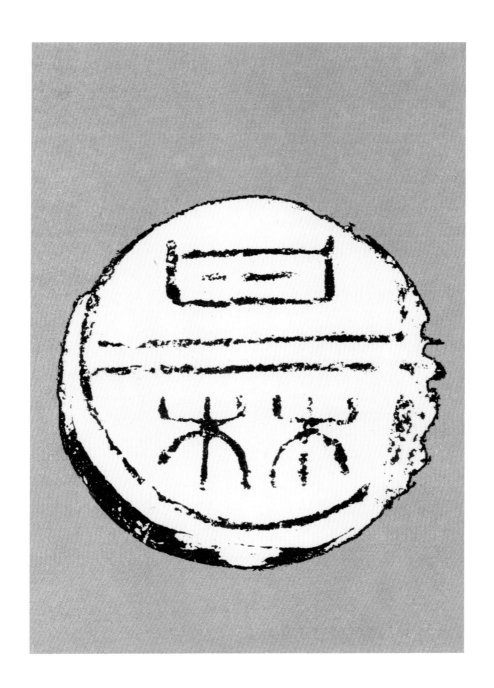

瓦当砚（背）

【文】

甘林。

瓦当砚（侧）

【文】

此砚石庵所尝用。甲子四月，观亦道人攫取之。

瓦当砚（砚匣底）

【文】

余与石庵皆好蓄砚，每互相赠送，亦互相攘夺，虽至爱不能不割。
然彼此均恬不为意也。太平卿相，不以声色货利相矜，而惟以此事为笑乐，
殆亦后来之佳话与。嘉庆甲子五月十日晓岚记，时年八十有一。

四渠砚（正）

四渠砚（背）

【文】

沟洫之制，尚见于水田，不干不溢则有年，均调其燥湿，惟墨亦然。嘉庆甲子长至前四日，晓岚铭。

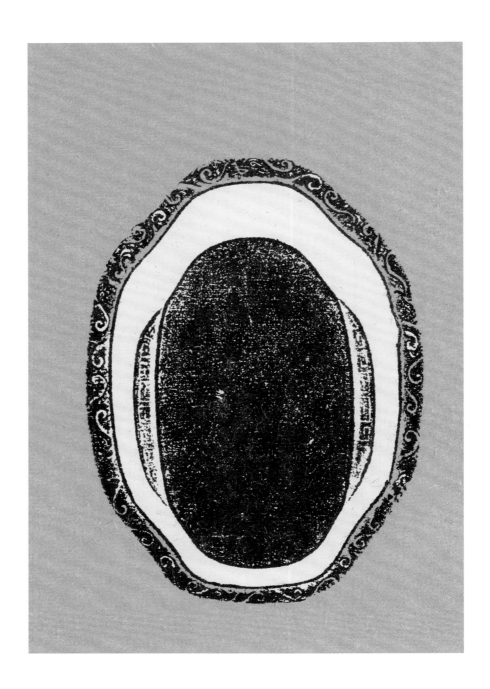

合浦砚（正）

合浦砚（背）

【文】

合浦还珠。

此余少年所用砚，乾隆戊辰为景州李露园持去，今忽从市侩买得。摩挲审视，如见故人。嘉庆甲子六月，晓岚记，时年八十有一。

长方砚（正）

长方砚（背）

【文】

门人伊子墨卿，嗜古好奇，守惠州日，适同官醵金开端溪，遂随砚工縋入四十余丈，篝火捡佳石数片以出，此即其一也。嘉庆甲子七月，晓岚记，时年八十有一。

淌池砚（正）

淌池砚（侧）

【文】

巨砚笨重不适用，余所蓄不过十余。然多年旧石，如庞眉耆宿，古貌古心，座上亦不可无此客。嘉庆甲子八月，晓岚记，时年八十有一。

太极仪象砚（正、侧）

【文】

此砚形制颇别，曩所未见，然非俗工所能作。必古有是式，后人耳目自隘耳。嘉庆甲子八月，晓岚记，时年八十有一。

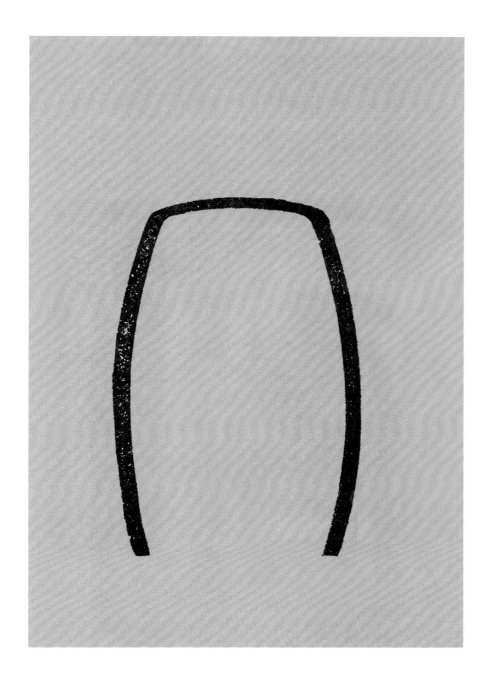

太极仪象砚（背）

太极仪象砚（砚匣盖、侧）

【文】

　　研心太薄，则磨之易热，热则墨生沫而无光，此砚故作悬赘，或即为此与？晓岚又记。

　　坦腹儼然，如如不动，问汝此中，其真空洞？

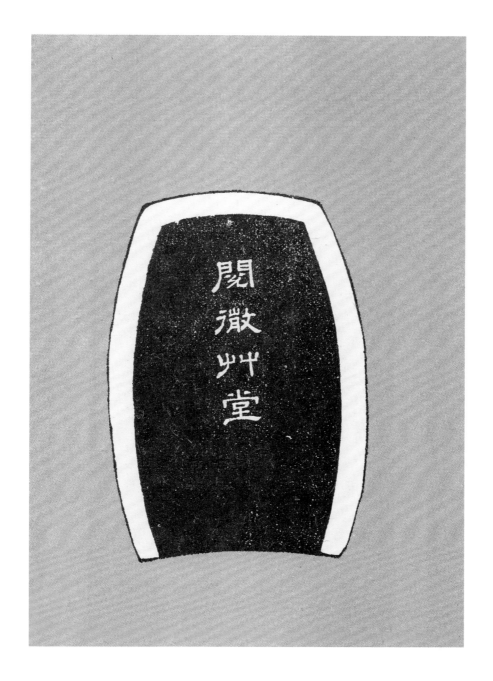

太极仪象砚（砚匣底）

【文】

阅微草堂。

门形砚（正）

门形砚（背）

【文】

　　此砚鬻者称宋坑，审视不然，然石为静气，亦百年以外物矣。嘉庆甲子八月，晓岚记，时年八十有一。

桃形砚（背）

【文】

曼倩三窃王母桃，堕而化石沉波涛。水舂沙蚀坚不销，圭角偶露惊舟鲛。漉以琢砚登书巢，尚有灵液濡霜毫。嘉庆甲子重九，晓岚铭，时年八十有一。

月池砚（正）

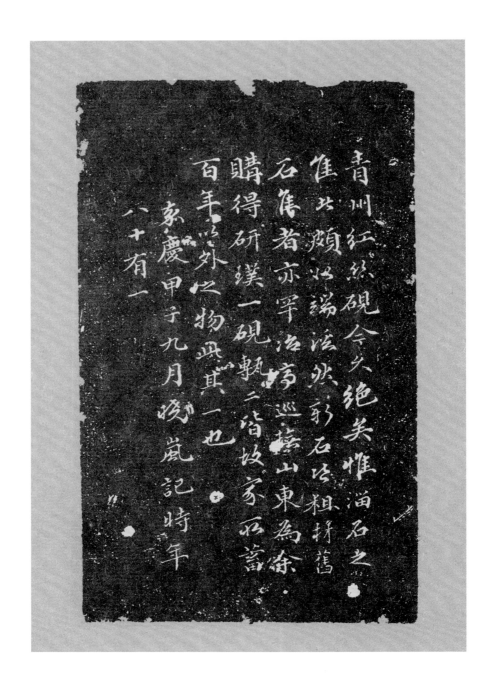

月池砚（背）

【文】

　　青州红丝砚，今久绝矣，惟淄石之佳者颇似端溪，然新石皆粗材，旧石佳者亦罕。治亭巡抚山东，为余购得研璞一，砚砖二，皆故家所蓄，百年以外之物，此其一也。嘉庆甲子九月，晓岚记，时年八十有一。

四直砚（正）

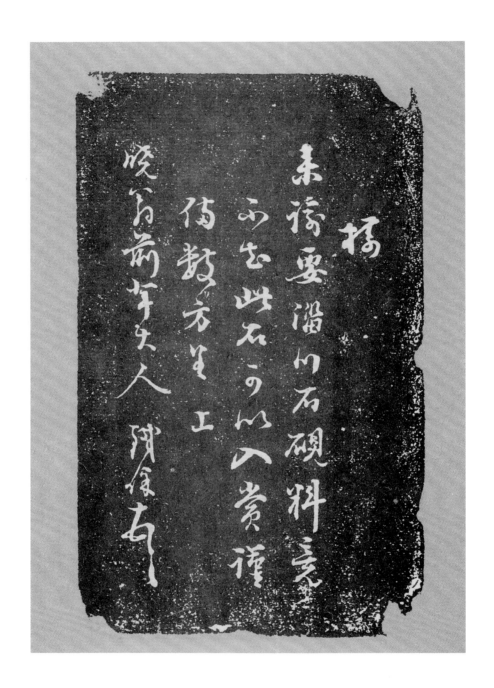

四直砚（背）

【文】

　　接来谕，要淄川石砚料，竟不知此石可以入赏，谨备数方呈上。晓翁前辈大人，铁保顿首。

月到天心砚（背）

【文】

月到天心，清无纤翳。惟邵尧夫，知其意味。嘉庆甲子九月望日，晓岚铭。

斧钺砚（背）

【文】

石出盘涡，阅岁孔多，刚不露骨，柔足任磨，此为内介而外和。嘉庆甲子九月铭，晓岚。

三星拱照砚（正）

三星拱照砚（背）

【文】

金水两星，恒附日行，天既成象，地亦成形，一融一结，妙合而凝，
此石殆偶，聚其精英。嘉庆甲子九月，晓岚铭。

眉寿砚（正）

眉寿砚（背、侧）

【文】

眉寿，性存居士题。

海宁陈文勤公蓄古砚二，辗转贩鬻皆归于余。一为端石，刻"徵泉结翠"四篆字，署"性存居士家之巽"题，后为石庵持去。一为歙石，即此砚也。家之巽名见《癸辛杂志》，则二砚为宋石审矣。嘉庆甲子十月，晓岚记。

七星高照砚（正）

七星高照砚（背、侧）

【文】

石菴自江南还，以唐子西砚见赠。子西铭灼然依托，研则真宋石也。砻而净之，庶不致以铭损砚。嘉庆甲子九月记。观弈道人。

日观峰老衲。

蚌形砚（正）

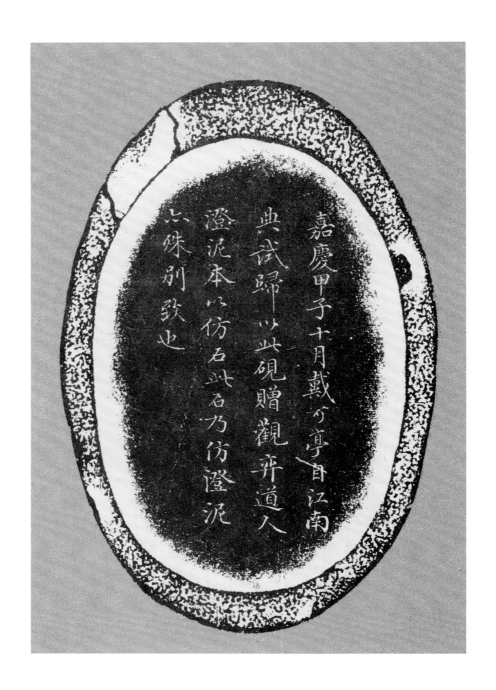

蚌形砚（背）

【文】

　　嘉庆甲子十月，戴可亭自江南典试归，以此砚赠观弈道人。澄泥本以仿石，此石乃仿澄泥，亦殊别致也。

蚌形砚（砚匣盖）

【文】

嘉庆丁巳初秋。

长白广玉记。

【印】

文图珍赏、思补堂珍藏。

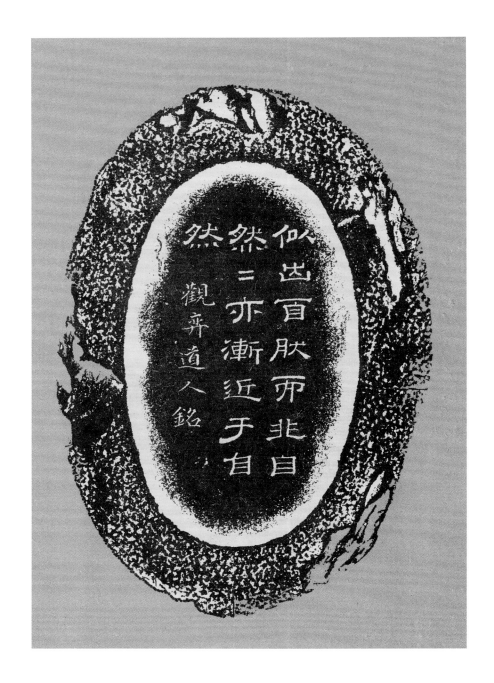

椭圆砚（背）

【文】

似出自然，而非自然，然亦渐近于自然。观弈道人铭。

风字砚（正）

风字砚（背）

【文】

　　此砚乃治亭所续寄，虽较前寄三砚为稍新，然肌理缜密，亦非近日淄石所有也。嘉庆甲子十月，晓岚记。

四直砚（正）

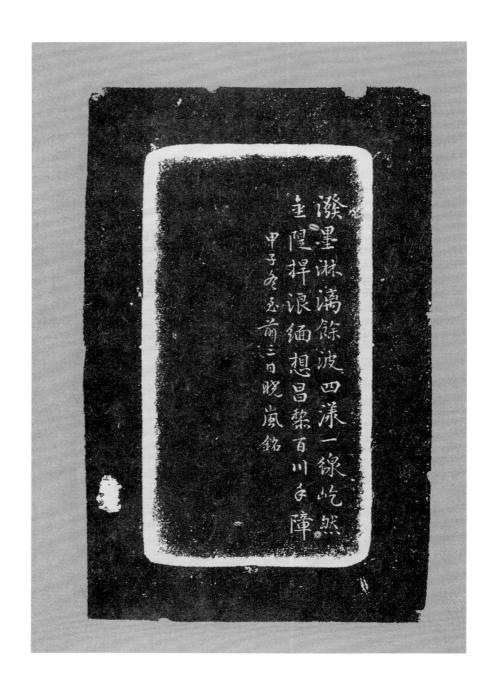

四直砚（背）

【文】

泼墨淋漓，余波四漾，一线屹然，金隄捍浪，缅想昌黎，百川手障。甲子冬至前三日，晓岚铭。

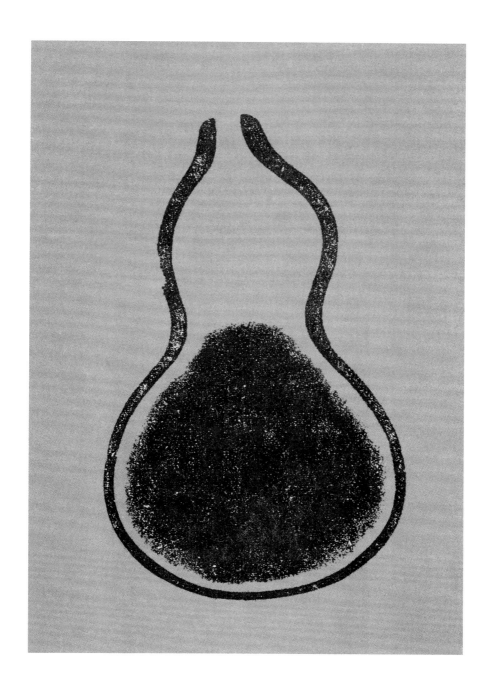

葫芦砚（正）

葫芦砚（背）

【文】

因石之形，琢为此状，虽画葫芦，实非依样。

观弈道人，作斯墨注。虚则翕受，凹则汇聚。君子谦谦，憬然可悟。

嘉庆乙丑正月铭，时年八十有二。

双节砚（正）

双节砚（背）

【文】

其断简欤，乃坚多节，略似此君，风规自别。乙丑正月，晓岚铭，时年八十有二。

素琴砚（正）

素琴砚（背）

【文】

濡笔微吟，如对素琴，弦外有音，净洗余心，邈然月白而江深。余有琴砚三，此为第一，宋牧仲家故物也。晓岚铭并识。

好春轩砚（正）

好春轩砚（背）

【文】

刚不拒墨，相著则黑。金屑斑斑，歙之古石。晓岚铭。

好春轩砚（侧）

【文】

好春轩之故物，今归于阅微草堂。

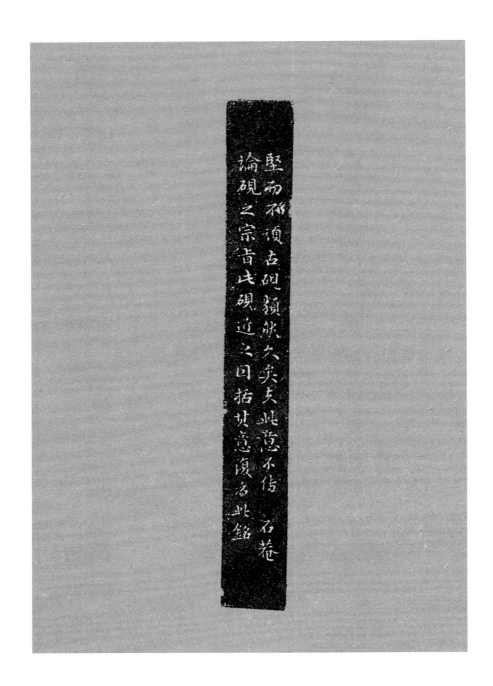

好春轩砚（侧）

【文】

坚而不顽，古砚类然，久矣夫，此意不传。石菴论砚之宗旨，此砚近之，因括其意，复为此铭。

椭圆形西洞砚（正）

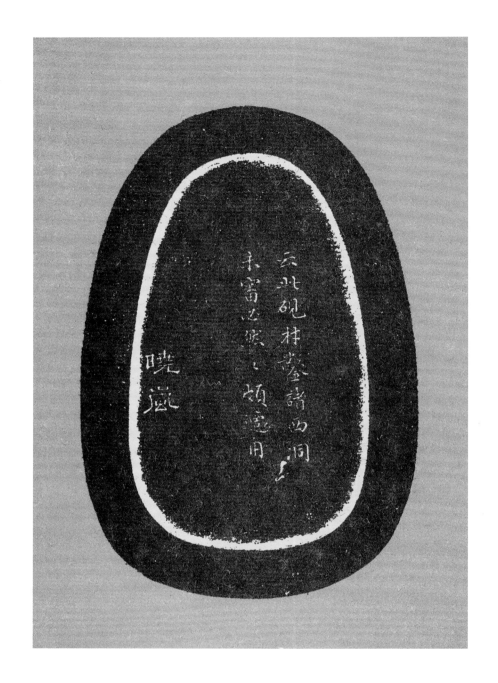

椭圆形西洞砚（背）

【文】

云此砚材，凿诸西洞。未审必然，然颇适用。晓岚。

斧形砚（正、背）

【文】

斧形虽具，而无刃可磨，亦无可执之柯。其无用审矣，且濡墨而吟哦。
晓岚。

双鸟纹葫芦砚（正、背）

【文】

既有壹芦，无仿依样，任我意而画之，又不知其状。晓岚。

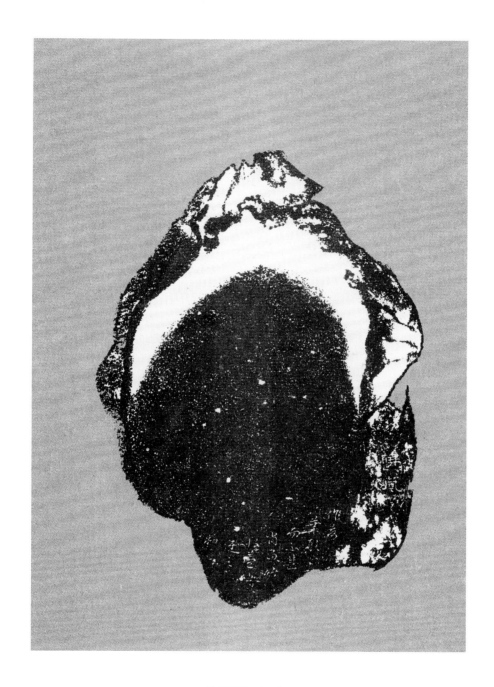

荷形砚（正）

【文】

作荷叶形，而不甚肖。画竹似庐，倪迁之妙。晓岚。

荷形砚（背）

田塍砚（背）

【文】

宛肖水田，沟塍纡曲。忽忆燕南，稻青柳绿。晓岚铭。

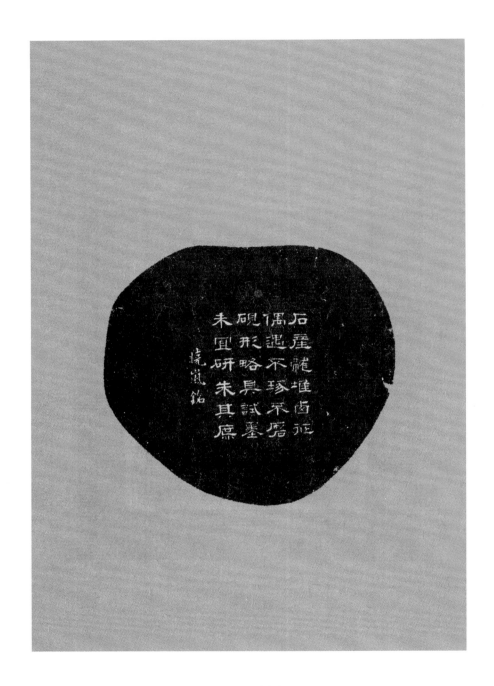

龙堆砚（背）

【文】

石产龙堆，西征偶遇。不琢不磨，砚形略具。试墨未宜，研朱其庶。晓岚铭。

栩然如画砚（正）

栩然如画砚（背）

【文】

此二字石菴所书，奇气栩然，如画家逸思，当于点画外求之。晓岚。

圆渠砚（正）

【文】

流水周圆，中抱石田。笔耕不辍，其终有丰年。晓岚铭。

瓦形砚（正）

【文】

瓦能宜墨，即中砚材。何必汉未央宫、魏铜雀台。晓岚。

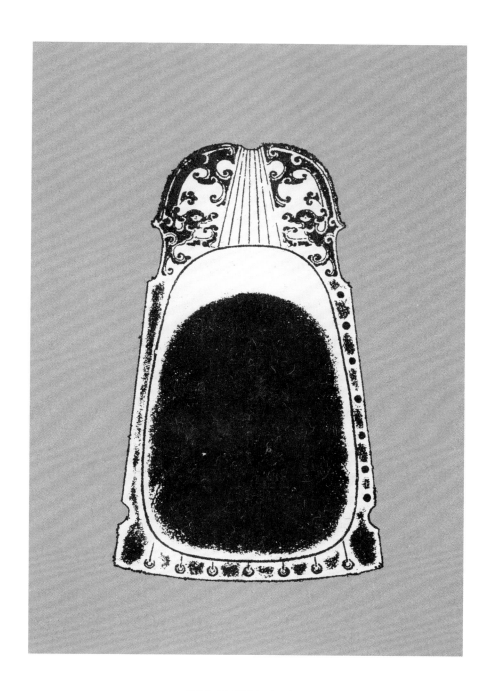

双龙纹琴砚（正）

双龙纹琴砚（背）

【文】

　　此研刻镂稍工，而琴徽误作七点。晓岚戏为之铭曰：无曰七徽，难调宫羽，此偶象形，昭文不鼓，书兴倘酣，笔风墨雨，亦似胎仙，闻琴自舞。

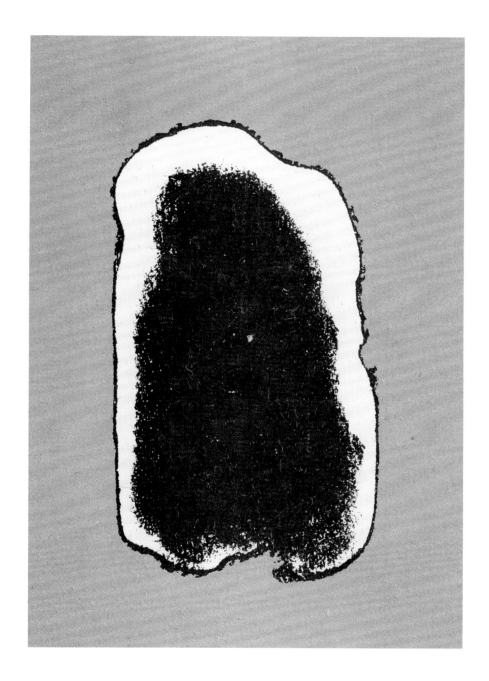

随形砚（正）

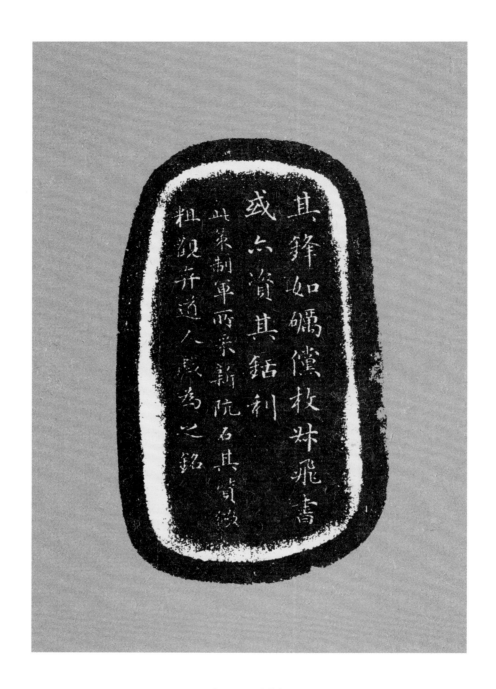

随形砚（背）

【文】

其锋如砺，傥枚叔飞书，或亦资其铦利。此策制军所采新坑石，其质微粗，观弈道人戏为之铭。

方形四渠砚（正）

方形四渠砚（侧）

【文】

晓岚。

方形四渠砚（砚匣盖）

方形四渠砚（砚匣底）

【文】

河间纪氏阅微草堂。

树皮纹随形砚（正）

【文】

晓岚。

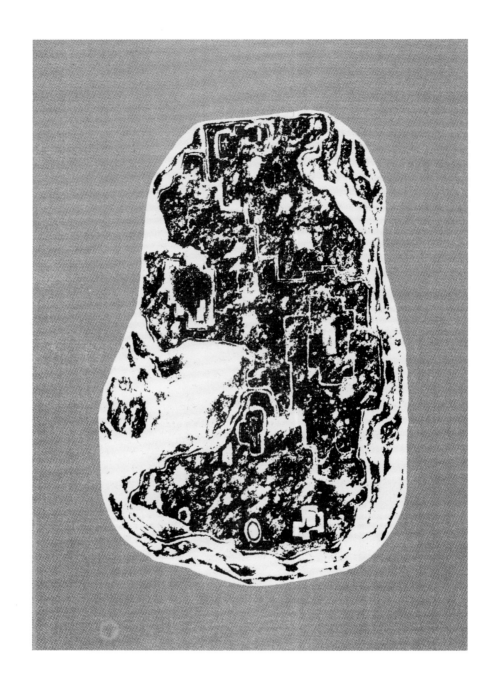

树皮纹随形砚（背）

槐西老屋砚（正）

槐西老屋砚（背）

【文】

槐西老屋。

赐砚（正）

【文】

赐砚。臣纪昀敬藏。

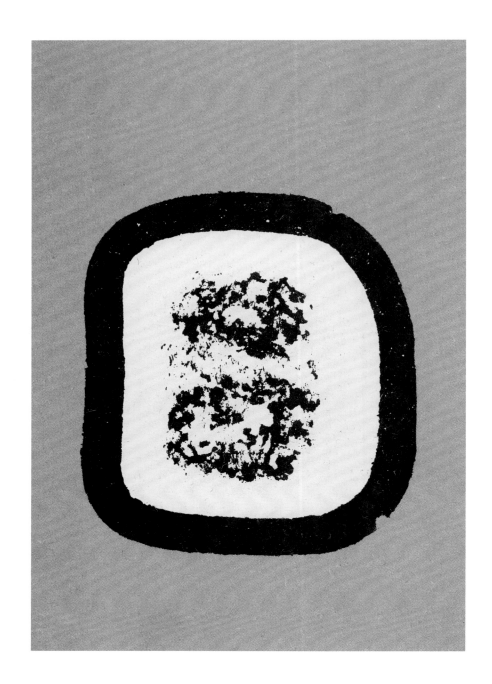

赐砚（背）

玉井砚（正）

【文】

玉井。

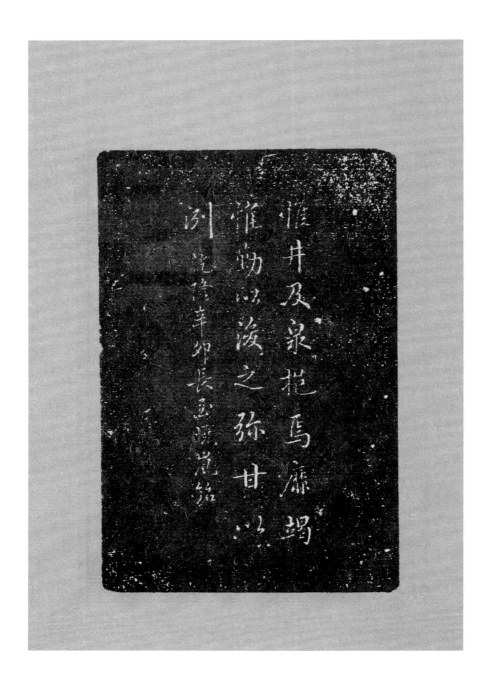

玉井砚（背）

【文】

惟井及泉，挹焉靡竭，惟勤以浚之，弥甘以冽。乾隆辛卯长至，晓岚铭。

黼黻砚（正）

瀰辙砚（背）

阅微草堂砚谱新编

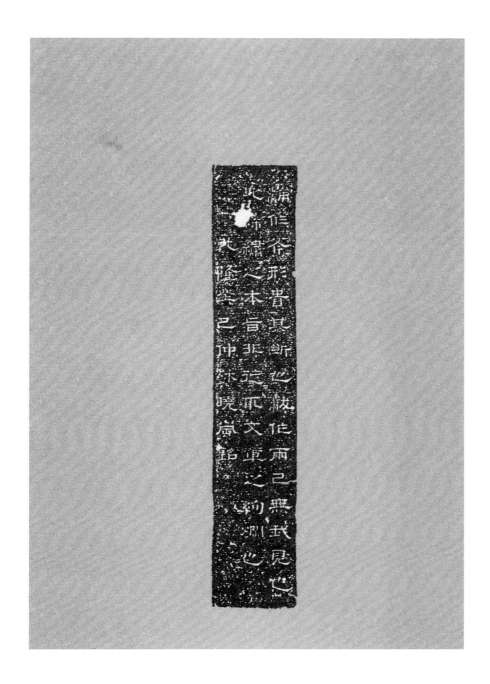

黼黻砚（侧）

【文】

　　黼作斧形，贵其断也，黻作两己，无我见也；此绨绣之本旨，非徒取文章之绚烂也。乾隆癸巳仲秋，晓岚铭。

瀟潵砚（侧）

【文】

瀟潵升平，籍有文章，老夫髦矣，幸际虞唐，犹思拜手而赓飏。嘉庆己丑二月，晓岚又铭，时年八十有二。

内相砚（正）

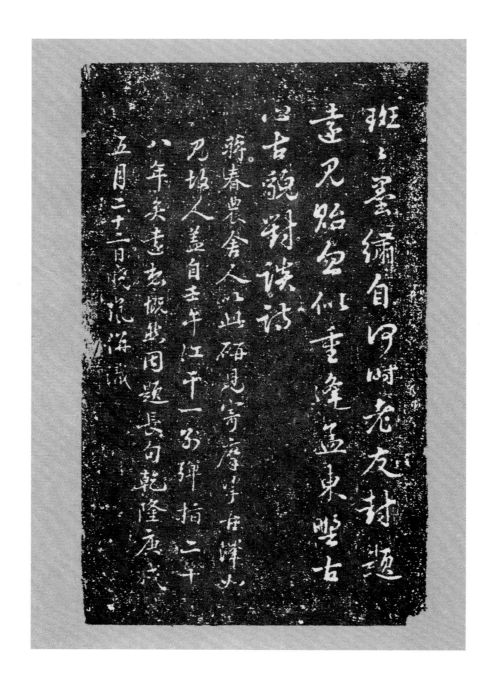

内相砚（背）

【文】

斑斑墨绣自何时，老友封题远见贻，忽似重逢孟东野。古心古貌对谈诗。

蒋春浓舍人以此研见寄，摩挲古泽如见故人。盖自壬午江干一别，弹指二十八年矣。远想慨然，因题长句。乾隆庚戌五月二十二日，晓岚并识。

月池砚（正）

月池砚（背）

【文】

羚峡石，余所惜，虽已圻，犹断璧。晓岚铭。

圭砚（正）

圭砚（背）

【文】

圭本出棱，无嫌于露。腹剑深藏，君子亦恶。庚戌十有一月，晓岚铭。

长方形砚（背）

【文】

　　紫云割尽无奇石，次品才珍蕉叶白。如今又复抱青花，摩挲指点争相夸。一蟹不能如一蟹，可怜浪掷黄金买。请君试此新研砖，挥毫亦自如云烟。庚戌腊月，晓岚铭。

随形砚（背）

【文】

石骨坚，乏者润，虽太刚，胜顽钝。丁巳八月，晓岚铭。

飞渠砚（正）

飞渠砚（背）

【文】

石则新，式则古。与其雕锼，吾宁取汝。嘉庆三载，岁在戊午，晓岚占铭，时年七十有五。

椭圆池长方砚（正）

椭圆池长方砚（背）

【文】

质虽薄，肌理坚，余已疏于笔墨矣，谅不至于磨穿。晓岚。

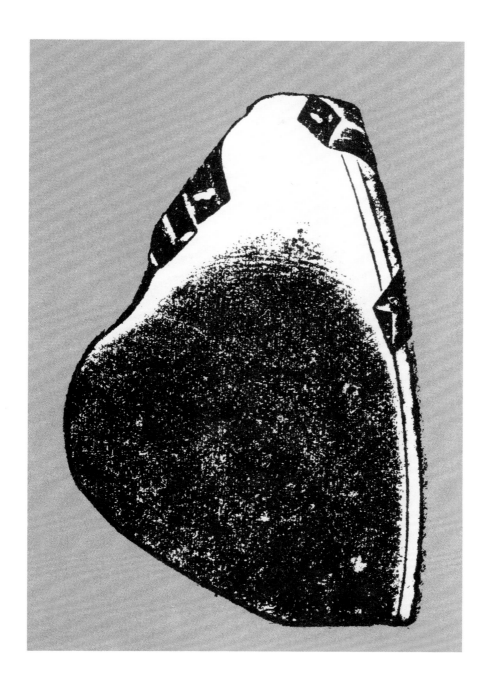

芭蕉砚（正）

芭蕉砚（背）

【文】

蕉叶学书，贫无纸也，今纸非不足，而卷于临写，刻蕉于砚，盖以愧夫不学书者。晓岚。

五铢砚（背）

【文】

五铢。

孔方兄，入口府，此中人，惟□□。

长方池砚（正、侧）

【文】

虽非旧石，尚不枯焦，虽非旧式，尚不劚雕，古研日稀矣，斯亦勿过于訾謷。晓岚铭。

后　记

　　《砚谱卷》是《中华砚文化汇典》的重要组成部分。编辑出版本卷的主要意义在于传承中华砚台传统文化，让研究砚学的人和砚台收藏者从古砚谱中了解古砚、认识古砚，并从古砚的铭文中得到滋养，让从事制砚和拓印的艺人从中领略古籍中制砚和拓印的艺术神韵，将传统文化和制作技艺传承下去、发扬开来，让后人从中认识到砚文化的博大精深，把这一中华传统文化瑰宝继承好、传承好，让它历劫难而不衰，传万世而不休。以期达到对古籍的修缮目的，从而增加了《中华砚文化汇典》的历史价值。相信这些谱书的出版，一定会增加社会对古砚鉴赏的兴趣，提高全社会制作砚艺的水平及制拓技术，推动砚台收藏再上一个新台阶，也为教师学者及古砚研究院系和机构提供一份较为完整的古砚谱系资料，为中华传统文化的传承及中华砚艺的发扬光大做出力所能及的贡献。

　　在《砚谱卷》编辑过程中，我们本着如实并客观反映古典砚著的原则，均是按原本影印，但为了方便读者阅读及砚文化传播，就砚铭在参考吸收近年新出版的砚谱和社会对砚铭研究成果的基础上，进行了一些释文标注。编辑出版《砚谱卷》是一项系统复杂的过程，实际操作难度较大。我们按照编辑工作的总体要求，编辑工作组查阅大量古砚书籍，走访知名专家、学者，结合古砚、铭文、书法、古文字，以及现代砚谱研究的最新成果，都反复进行了校阅，力争在释文翻译过程中，既尊重原作的作品释义，又能让现代人在阅读理解上能深切感受原作的意境。尤其是本卷主要负责人火来胜同志，对每一谱文的释义都进行反复研究、查阅，在身体抱恙的情况下，仍按时完成了书籍的整理工作。在审核图片文字的工作中，著名砚台学者胡中泰、王文修都给予了大力帮助，提出很多重要的修改意见；曹隽平、欧忠荣、郑长恺、高山、刘照渊等书法、篆刻和文字专家积极帮助释文校对。同时，编辑组在校勘过程中认真吸收参考了王敏之编著的《纪晓岚遗物丛考》和上海书店出版社出版的《沈氏研林》等书籍。因古代的印刷技术有限，我们现在看到的谱书图片并不清楚，人民美术出版社在图片翻印过程中，也反复拍摄、扫描，做了大量技术工作，力求图片清晰、美观。在此对为出版《砚谱卷》系列书籍给予指导帮助的领导、专家和工作人员，一并表示感谢。

仅此也因编辑整理者水平所限，错误在所难免，敬请广大读者提出意见。

《砚谱卷》编辑组
2020 年 10 月

图书在版编目（CIP）数据

　　中华砚文化汇典. 砚谱卷. 阅微草堂砚谱新编 / 中
华炎黄文化研究会砚文化工作委员会主编. -- 北京：
人民美术出版社, 2021.3
　　ISBN 978-7-102-08089-5

　　Ⅰ. ①中… Ⅱ. ①中… Ⅲ. ①砚—文化—中国 Ⅳ.
①TS951.28

　　中国版本图书馆CIP数据核字(2021)第037329号

中华砚文化汇典·砚谱卷·阅微草堂砚谱新编
ZHONGHUA YAN WENHUA HUIDIAN · YANPU JUAN · YUEWEI CAOTANG YANPU XIN BIAN

编辑出版　人民美术出版社
　　　　　（北京市朝阳区东三环南路甲3号　邮编：100022）
　　　　　http://www.renmei.com.cn
　　　　　发行部：（010）67517601
　　　　　网购部：（010）67517743
校　　勘　火来胜　王文修
责任编辑　潘彦任
装帧设计　翟英东
责任校对　李　杨
责任印制　夏　婧
制　　版　朝花制版中心
印　　刷　鑫艺佳利（天津）印刷有限公司
经　　销　全国新华书店

版　　次：2021年4月　第1版
印　　次：2021年4月　第1次印刷
开　　本：889mm×1194mm　1/16
印　　张：14.75
ISBN 978-7-102-08089-5
定　　价：368.00元
如有印装质量问题影响阅读，请与我社联系调换。（010）67517602